# 100道
## 美味肉料理

烤、炒、滷、炸，
快速上桌！

程安琪。著

# 推薦序

「無肉令人瘦」，瘦也是種病，人心情不好會消瘦、營養不良會枯瘦，瘦就讓人沒有原（元）氣、更沒有朝氣。正常人需要肉類食品，來補養良好的蛋白質、氨基酸與維生素B等。發育中的需要肉類來強壯身心、成年人需要肉類來傳宗接代、老年人需要肉類來老當益壯。當然，適當的選擇、正確的食用才能事半功倍，《100道美味肉料理：烤、炒、滷、炸，快速上桌！》，就是讓人懂得選擇，更知道如何食用肉的一本食譜。

國內，吃食豬肉的人口比吃牛肉的多，受歡迎的原因很多，其中一樣是料理方便，然而，因為多脂、高膽固醇的特性，高血脂與高膽固醇的患者，就被告知不可食用豬肉，事實上，加強有氧運動、補充些蒜泥白肉或蒜炒五花肉，透過蒜的消脂與助消化，除油與補充精力，更可以精益求精，璀璨人生。由於豬的生化結構與人類甚為相似，當人勞累過度，或五勞七傷，它常是中國人用來補養療傷的第一食品。事實上，珍珠丸子與燉獅子頭，也都是讓人開心歡愉悅顏的珍肴。

牛肉，一般根據部位，可分成十三種以上，每一部位的軟度、脂肪含量與肉質都不相同。由於牛肉有著高蛋白質、低脂肪的特質，受歡迎的程度不在話下，尤其是陳皮牛肉丸、清蒸牛肉，更是上了年紀的人補充高營養、減少心血管疾病危險的佳肴。蔥爆牛肉與川味紅燒牛肉，則是青少年胃口不佳的美食。古人有言：「牛肉補氣，功同黃耆」，牛肉性溫平味甘美，平均每100公克的牛肉，高含蛋白質20多公克，其中有多種人體必需氨基酸，且為完全蛋白質，更容易被消化與吸收。

羊肉，古來是中國人最吉祥的祭祀食品，羊肉的脂肪含量很均勻，約在14.4～18%之間，古人用羊肉來袪寒止痛、補血溫中。事實上，現代過勞後，腰脊酸軟、陽萎、帶下、不孕、筋骨痠痛、萎弱……等，都可以考慮沙茶炒羊肉、羊肉爐或砂鍋羊肉。

「無肉令人瘦」，有肉令人歡，懂得歡心與開心，更能讓人美艷延年。

李家雄 醫師

（於台北市金山南路診所中）

# 作者序

記得二十幾年前懷著女兒的時候，因為是初次為人父母，我先生特別關心，每星期總要帶我去吃次牛排，日常吃東西我也特別注意蛋白質的攝取，記得常吃的還有核桃。我們總想讓孩子在一開始成長的胎兒階段，就能有足夠的營養，可以用來長腦、長肉。等她出生後，還在吃奶階段的一些副食品和斷奶後的三餐都是我自己料理，希望替她打下健康的底子。去年她進了麻省理工學院攻讀化工，跟班上一些聰明的同學競爭，遇到唸得辛苦時還打電話來說：「慘了，腦子不夠用了！」我只能笑著說：「以前吃我的肉，現在要靠你自己多吃肉了！」。

的確，肉裡面含有很多蛋白質和必須氨基酸，還有維他命 A、B 群、D、礦物質鐵、鋅、鎂、磷和碘及微量元素，而不同部分的肉裡還含有不同百分比的脂肪。現在有許多人一味的追求瘦，認為只有瘦才是美、才是最重要的，只要聽到「脂肪」就怕的不得了。其實我們身體需要均衡營養，來維持身體的新陳代謝、使我們的細胞組織能夠不斷生長並且得到修補。人的身體非常奇妙的，拼命減肥以致營養不夠，進而導致內分泌失調，等身體向你抗議時就來不及了。醫生和專家們常說，要瘦的健康才是正確的。肉類中提供充足的營養，讓你瘦的健康而不是面黃肌瘦，這正是蘇東坡先生所說「無肉令人瘦」的真正意思吧！

吃肉，其實並不是發胖的原因，一塊肉上紅的是瘦肉、白的是肥肉，讓人很容易分辨，如果你有需要控制體重的問題，只要把肥肉剔除，或基本上只挑脂肪少的瘦肉，再配上清淡、低油的烹調方法，就可以只吃營養不發胖。飲食上危險的陷阱，反而是看不到的脂肪、糖類和澱粉所產生的熱量。

肉類中因含有氨基酸，所以會產生甘甜滋味。日常烹調時我不喜歡加人工的甘味，所以一些炒的菜就搭配少量的肉絲或絞肉，再加上蔥、薑、蒜等辛香料爆鍋後，就會把普通的材料變的好吃了。有許多人因為不善烹調，把做菜視為畏途、苦差事，其實烹調肉類是最簡單的，因為它們本身就是帶有美味的材料，只要認識各部位肉的特性，按照它的肉質去烹調就好了。最具代表性的說法就是蘇東坡對烹調豬肉所說過的：「……，慢著火，少著水，火侯足時它自美。」

成長發育的孩子需要鈣質，可以熬骨頭做高湯來添營養；年紀大了怕尿酸高，不敢喝高湯，就把肉絲、肉末炒一下，烹些酒、爆個鍋，一樣可以把蔬菜湯變好喝。做菜時多花一些心思，就可以按照自己的需要，做出許多變化。就像在這本食譜裡，炒肉絲，我只挑了二道「翡翠三絲」及「香根牛肉絲」，因為要用來炒的肉絲，它的基本處理方法都是一樣的，你可以換10種不同的配料，就變出10道菜。只要肉絲會炒了，炒洋蔥、芹菜、豆乾、榨菜、筍子、酸菜、金菇，都是大同小異的。同樣的，掌握了紅燒肉的重點，燒洋蔥、燒海帶、燒筍子、燒鹹魚、燒墨魚、燒馬鈴薯也都可以隨心所欲地做變化。

和我之前的食譜《一網打盡百味魚》一樣，這本書也希望大家先看前言（導言），對豬肉、牛肉和羊肉各部位的肉質先有了解，再加上有這麼多的方法適合烹調肉類，你一定可以讓家人吃的開心又健康！

程安琪

# CONTENTS

## PART 1 豬肉篇

# PART 2 牛肉篇

# PART 3 羊肉篇

# PART 1
## 關於豬肉

在烹煮一道肉類菜式之前，也要和做其他任何料理一樣，先要挑對肉的部位。豬，雖然不如牛那樣大，不同部位的老、嫩，沒有牛肉那麼明顯，但因其肥瘦比例的不同，仍會造成口感上的差別。因此要先依個人喜愛的肉質口感來選擇要買的部位，再依那個部位的特性做前處理和烹調。

就以最常用到的肉絲來舉例，只要是豬身上瘦肉的部分均可切成肉絲來炒，例如小裡脊、豬大排肉、前腿肉、後腿肉、邊肉或老鼠肉（後腿心）。其中以小裡脊切出來的肉絲最嫩，適合老年人和小孩子，但也因為它太嫩，在炒的時候容易斷裂、變碎，所以不能切太細；翻炒時也要小心一些，但我覺得這部分炒起來不夠漂亮。而大排肉、前腿和後腿肉的瘦肉部分，脂肪少，會比小裡脊乾些，因此在醃肉絲時要多抓拌些水分，使肉吸收、膨脹，再拌上太白粉，過油炒過後就會變的嫩又好吃。我自己最愛邊肉，它是在脊椎前端，又 Q 又嫩，但是數量不多，要早起的人才買的到。

撇開豬的內臟和頭部不談，我先將豬分成 4 個部分——前腿、後腿、背部和腹部來做介紹：

## ✔ 前腿部分

兩條前腿中包夾著心臟，因此前腿肉也稱為夾心肉。兩邊前腿肉中各有一塊長圓形的肉，即為通稱的梅花肉，瘦肉中帶著軟筋、油花，是前腿肉中的精華，可以紅燒、烤、炒、炸、滷，做成絞肉或冷凍後切成火鍋肉片來應用。其他的前腿肉以做絞肉為主，絞肉的肥瘦比例一般多是 2：8 或 3：7，以健康考量，肥的不宜多，但是全瘦的又會較為乾澀，因此可以添加配料如豆腐泥、蔬菜末、蛋汁、芡粉和水以增加絞肉的嫩度。前腿豬腳的肉較多，上半部可以開出一個小蹄膀，都可以滷、煮或紅燒。

## ✔ 後腿部分

後腿肉價位較低、肉質較老硬，家常用的只有蹄膀、後豬腳（筋多肉少）和俗稱老鼠肉的後腿肉心。後腿瘦肉可以切肉絲或加上肥肉絞成絞肉，大部分做成食品加工的豬肉乾、肉鬆、肉脯類。

## ✔ 背部

以脊椎為主，沿著脊椎的兩旁，各可以開出兩長條帶骨的豬裡脊肉排，肉和骨頭分割開來即為豬大排肉和裡脊排骨（俗稱小排）；另外在中段（即腰的部分）可以開出小裡脊肉（俗稱腰內肉）。整條豬大排肉以前面的 ⅓ 段比較嫩，肉呈現深淺紅色，是最好吃的一段。但要切肉絲則以後段才適合，肉平整、沒有花筋比較好切。（裡脊肉亦有人寫做裡肌肉）。

## ✔ 腹部

由背部向兩側朝下延伸到肚囊，主要以包住肋骨的五花肉為主。這兩側的肉如果把肋骨一支一支的剔掉，開出來的就是五花肉；若是以肋骨為主、連著五花肉一起切下來的就是五花肉排，也稱為肋排、子排。五花肉排有一端肉層較薄，只帶有一層五花肉的瘦肉層；另一端肉層厚，帶有瘦、肥、瘦三層五花肉，後者因為帶有三層的五花肉層，所以瘦肉不柴，最好吃。做香烤肋排、紅燒子排、荷葉粉蒸排骨、無錫肉骨頭，它都是首選材料。

除了這 4 個部分之外，不能不談的是煮湯排骨，用來燉湯的骨頭有很多種：中藥燉補常用尾椎骨；日式拉麵用大腿骨熬湯頭；關節骨多油香；梅花骨肉多、湯濃，白煮之後可以啃骨頭吃肉；夾心骨的肉雖不如梅花骨多，但整支剁起來整齊好看；脊椎骨較便宜；肩胛軟骨多膠質。整體而言，骨頭部分的鈣質多，因需長時間熬煮，可以一次多燉一些，再加不同材料變化。

豬肉的絞肉、肉排、前腿梅花肉、小排骨和五花肉，每個部分都各有特色，每次上菜市場我都會各買上一些，尤其絞肉和肉絲更是搭配炒菜時不能缺少的，再加上蹄膀、豬腳類，在後面食譜中，我就以 6 個不同部分來做區隔，介紹 55 種豬肉的做法。

# 香菇肉燥

材料：
絞肉 600 公克、香菇 5 朵、大蒜屑 1 大匙
蔭瓜 ½ 杯、紅蔥酥 ½ 杯

調味料：
酒 ½ 杯、醬油 ½ 杯、五香粉 1 茶匙
糖 1 茶匙

做法：

1　香菇泡軟、切碎。

2　炒鍋中熱3大匙油炒熟絞肉，油不夠時可以沿鍋邊再加入一些油，要把絞肉炒到肉變色、肉本身出油。

3　加入大蒜屑和香菇同炒，待香氣透出時，淋下酒、醬油、糖和水3杯，同時加入蔭瓜和半量的紅蔥酥，小火燉煮約1小時。

4　放下另一半的紅蔥酥和五香粉，再煮約10分鐘即可關火。

安琪老師的小叮嚀

●肉燥的用途很廣，淋在燙青菜上或做肉燥飯、肉燥麵都很好吃，一次不妨多做一些。

# 肉醬焗雙蔬

材料：
茄子 1 條、番茄 2 個、絞肉 3 大匙
洋蔥末 2 大匙、美奶滋 1 大匙
起司粉 1 大匙

調味料：
番茄糊 2 大匙、鹽 ⅓ 茶匙
糖少許、胡椒粉少許

做法：

1　茄子切成半公分厚片，撒上鹽和胡椒粉（額外的）各少許，30分鐘後將表面水分吸乾。沾上一層乾麵粉，用熱油煎黃茄子的外層。

2　番茄切厚片，和茄子一起排在烤盤中。

3　絞肉和洋蔥末用油炒香，加入番茄糊和水½杯煮滾，改小火煮至肉醬稍微濃稠時，加鹽、糖和胡椒粉調味。

4　將肉醬淋在雙蔬上，擠上細細的美奶滋，再撒上起司粉，用預熱至250℃的烤箱烤黃表面，約8～10分鐘。

安琪老師的小叮嚀

●可將雙蔬改成白飯，做成肉醬焗飯、或來焗烤麵皮。

# 碧綠肉包子

材料：
絞肉 300 公克、木耳末 ½ 杯、荸薺 5 粒
蔥末 ½ 大匙、薑汁 1 茶匙、豆腐衣 3 張
豆苗 150 公克

調味料：

A 醬油 ½ 大匙、酒 1 茶匙、胡椒粉少許
　太白粉 1 茶匙、水 2 ～ 3 大匙
　麻油少許

B 醬油 ½ 大匙、糖 1 茶匙、水 ⅔ 杯
　太白粉 1 茶匙、麻油 ¼ 茶匙

做法：

1 荸薺切末，絞肉再剁細一點，加調味料A攪拌均勻且至有黏性，加入木耳末、荸薺末、蔥末、薑汁再拌勻。

2 豆腐衣每張切成4小張，包入肉餡成小春捲型，接口朝下，放入盤中。全部做好，淋下約3大匙水，上鍋以中火蒸10分鐘至熟。

3 豆苗摘好，用油快速炒熟，加適量的鹽調味後瀝出，排入盤中。

4 蒸好的肉包子也排入盤中，調味料B煮滾後，淋在肉包子上即可上桌。

# 鹹蛋蒸肉餅

**材料：**
絞肉 250 克、鹹鴨蛋 2 個、蔥屑 1 大匙

**調味料：**
醬油 1 大匙、酒 ½ 大匙、水 2 大匙
太白粉 2 茶匙

**做法：**

1 剁過之絞肉加蔥屑、調味料和一個鹹蛋的蛋白，仔細攪拌均勻，放入一個有深度的盤中，用手指沾水，將肉的表面拍平。

2 鹹蛋取用蛋黃，一切為二，放在肉餅上。

3 蒸鍋的水煮滾後，放入蒸鍋中蒸約20～25分鐘便可。

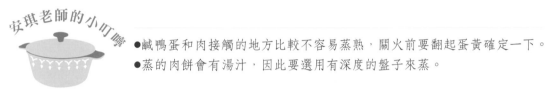

安琪老師的小叮嚀

● 鹹鴨蛋和肉接觸的地方比較不容易蒸熟，關火前要翻起蛋黃確定一下。
● 蒸的肉餅會有湯汁，因此要選用有深度的盤子來蒸。

# 腐皮珍珠丸子

材料：

豬絞肉 300 公克、蝦米 1 大匙、蔥 1 支、長糯米 1½ 杯

豆腐衣 2 張或新鮮豆包 1 片、太白粉 1 大匙

調味料：

水 2 大匙、醬油 1½ 大匙、鹽 ¼ 茶匙、酒 ½ 大匙、蛋 1 個、太白粉 1 大匙

麻油 1 茶匙、胡椒粉 ⅙ 茶匙

做法：

1 絞肉再剁過，至有黏性時，放入大碗中。蝦米泡軟、摘好，切碎後加入絞肉中。蔥切成碎末也放入大碗中。

2 絞肉中依序加入調味料，順同一方向邊加邊攪，使肉料產生黏性與彈性。放入冰箱中冰30分鐘。

3 糯米洗淨，泡水30分鐘，瀝乾並擦乾水分，拌上太白粉，舖放在大盤上。

4 絞肉做成丸子形，放在糯米上，滾動丸子，使丸子沾滿糯米。

5 豆腐衣撕成碎片，拌少許水、醬油和麻油，舖放在盤中，上面放丸子。電鍋中加入1½杯水，放入丸子，視丸子大小，蒸約20～25分鐘，熟後取出。（如用新鮮豆包，可先切成條，拌上味道，舖在盤中）。

# 香煎肉餅

材料：
豬絞肉 300 公克、高麗菜嬰 5 棵

調味料：
A　鹽 ¼ 茶匙、水 2 大匙、酒 ½ 大匙、蛋 1 個、醬油 ½ 大匙
B　太白粉 1 大匙、麵粉 1 大匙、薑汁 1 茶匙、蔥屑 1 大匙
C　酒 ½ 大匙、醬油 1 大匙、水 1 杯、太白粉水 ½ 大匙、麻油少許

做法：

1　將絞肉再仔細剁過，使肉增加彈性。放在盆中，依序加入調味料A，用五、六支筷子、朝同一方向攪拌，使肉有黏性後再加入調味料B拌勻。

2　在熱鍋內放2大匙油，搖動鍋子，使鍋內四周均沾上油，關火。儘快把肉做成5～6個丸子放在鍋中。

3　鍋鏟沾一點冷油，用鏟子把每一個丸子壓扁一點，成為直徑3公分左右的肉餅，再開火煎黃丸子（一面煎好後再翻面煎）。

4　加入酒、醬油和水，以中小火煮約5分鐘，至肉已熟。盛出肉餅，湯汁勾上薄芡，滴下麻油，淋在肉餅上即可。

5　附上炒過並調味的高麗菜嬰一起上桌。

# 野菇燉獅子頭

材料：

前腿豬肉 600 公克、蒟蒻捲 12 個、杏鮑菇 150 公克、蔥 2 支、薑 3 片

太白粉 1 大匙、水 2 大匙

調味料：

A 鹽 ½ 茶匙、蔥薑水 2 ～ 3 大匙、酒 1 大匙、醬油 1 大匙、蛋 1 個、太白粉 1 大匙
胡椒粉少許

B 鹽 ½ 茶匙、清湯或水 4 杯、醬油 1 大匙

做法：

1 豬肉絞成粗顆粒，再剁片刻，使肉產生黏性，放入大碗中。

2 蔥和薑拍碎，泡在½杯的水中3～5分鐘，做成蔥薑水。

3 依序將調味料A調入肉中，邊加邊摔打，以使肉產生彈性。

4 將肉料分成6份，手上沾太白粉水，將肉做成較大的丸子。鍋中燒熱3大匙油，放入丸子煎
黃表面，再放入砂鍋中（鍋底可以墊上煎過的蔥段）。

5 加進鹽和清湯，大火煮滾後改小火，燉煮約1½小時，加入蒟蒻捲和切厚片的杏鮑菇，再
酌加醬油調色、調味，再煮15～20分鐘至獅子頭夠爛為止。

安琪老師的小叮嚀

●其他菇類也可用來和肉一起燉煮，菇類吸油、解膩，也可以增加肉的鮮味。

# 青椒釀肉

材料：

絞肉 200 公克、翡翠小青椒 12 支

調味料：

A 拌肉料：蔥屑 1 茶匙、醬油 ½ 大匙、鹽 ¼ 茶匙、麻油 ¼ 茶匙
太白粉 1 茶匙、水 2 大匙

B 醬油 1 茶匙、糖 1 大匙、醋 1 大匙、鹽 ¼ 茶匙、水 1 杯、麻油少許

做法：

1 絞肉中加蔥屑剁一下，放在碗中加其他拌肉料拌勻。

2 青椒去蒂頭，由頂端挖出青椒籽，在尾端切一個小刀口。

3 絞肉餡放入塑膠袋中，袋角剪一個小洞，將肉餡擠入青椒中，儘量擠滿一點。

4 炒鍋中加熱1大匙油，以小火煎青椒，待表面微黃，淋下醬油、糖、醋、鹽和水，煮滾後改小火，燒約8～10分鐘至汁收乾，滴下麻油。放涼後更好吃。

安琪老師的小叮嚀

●釀好的青椒下鍋煎時，可將肉面先入油中煎一下，使肉收縮凝固，同時更有肉香。

●煎時火不要太大，以免外皮泡起與椒肉分離。

# 番茄哨子麵

**材料：**
粗豬絞肉 450 公克、香菇 3 朵、番茄 2 個
蛋 2 個、蔥花 3 大匙、麵條 450 公克
蘿蔔乾 150 公克

**調味料：**
豆瓣醬 1 大匙、醬油 2 大匙、糖 ½ 茶匙
鹽適量

**做法：**

1　番茄在蒂頭切上刀口，放入滾水中燙至皮裂開，撈出後泡冷水，剝下外皮，切成小丁。

2　蛋打散，用熱油炒成小顆粒；香菇泡軟，切碎。

3　起油鍋先用3大匙油炒絞肉，至肉熟後加入香菇和蔥花再炒，繼續加入豆瓣醬炒一下，加入番茄、糖、醬油和水約3杯，燉煮半小時。

4　炒好的蛋加入鍋中拌勻，煮滾後再試一下味道，可加鹽調味。

5　麵條煮熟後撈出，分別盛在碗中上桌。附上炒好的蘿蔔乾，一起拌食。

# 釀金三角

材料：
絞肉 200 公克、三角型油豆腐 8 個
蔥 1 支（切蔥花）、青江菜 6 棵、油 2 大匙

調味料：

A 蔥屑 1 大匙、太白粉 1 茶匙
　醬油 1 大匙、水 2 大匙、麻油 ½ 茶匙

B 醬油 1 大匙、水 1 杯、糖 ¼ 茶匙
　鹽 ¼ 茶匙

做法：

1　絞肉中加蔥屑再剁細一點，加入其他的調味料A拌勻。

2　油豆腐剪開一個小刀口，把絞肉餡填塞入其中。

3　炒鍋中加熱油，把釀肉的一面放入鍋中煎香，撒下蔥花炒香。

4　加入調味料B，煮滾後改小火燒約5～6分鐘。

5　放下摘好的青江菜，再煮2～3分鐘便可關火、盛盤（喜歡青菜較脆且綠色的話，可以先川燙一下，漂過冷水再燒）。

# 干貝繡球湯

材料：

絞肉 300 公克、老豆腐 1 塊、干貝 3 粒、香菇 3 朵、火腿絲 2 大匙、芥蘭菜葉 5 片
清湯 2 杯

調味料：

A　鹽 ½ 茶匙、太白粉 2 茶匙、麻油 ¼ 茶匙、水 1 大匙
B　鹽少許、太白粉水適量

做法：

1　絞肉再剁細一點，拌上壓成泥的老豆腐和調味料A，攪拌均勻，做成約10～12個小丸子。
2　干貝蒸軟、撕成細絲。香菇泡軟、切成極細的絲。芥蘭菜葉也切成細絲。和火腿絲共四種
　　材料放在盤子上，混合均勻。
3　將豆腐丸子放在絲料上沾滾，儘量沾滿絲料，做成繡球丸子。放在抹了油的盤子上，移入
　　蒸鍋中蒸約10分鐘至熟。
4　全部繡球丸子移放在大盤中。清湯煮滾後加少許鹽調味，勾一點薄芡，淋在繡球丸子上。

安琪老師的小叮嚀

●也可以將蒸好的繡球丸子放入 5 ～ 6 杯高湯中，做成一道湯菜。

# 滾筒肉排

材料：
豬大排肉 450 公克、筍 1 支、冬菇 2 個
蔥 3 支、青蒜 1 支

調味料：
醬油 3 大匙、酒 1 大匙、糖 2 大匙
鎮江醋 3 大匙、麻油少許

做法：

1　將筍煮熟，涼後切成約4公分長之粗條8條；冬菇泡軟、切粗條（8條）；將蔥白也切成差不多的長度。

2　青蒜放在開水中燙軟，取下2～3支蒜葉，每支再撕開成為3～4細條留用。

3　將豬肉切成8片，每片均用刀面拍敲數下，以使肉質鬆嫩。在每一片肉上，橫放筍、冬菇、蔥各1支，然後捲成筒狀，用1條青蒜紮好（或用牙籤固定）。

4　鍋中燒熱1大匙油，放入肉捲煎黃外層，再加入調味料（麻油除外）和開水（約2杯，可與肉面平），用中小火燒煮半小時，至湯汁僅剩餘小半杯時，淋下麻油即可裝盤。

安琪老師的小叮嚀

●也可以直接買烤肉用的肉片來包捲。

# 糖心豬排

材料：
豬大排肉 240 公克、乳酪片 2 片、火腿片 2 片
麵粉 ½ 杯、蛋 1 個、麵包粉 1 杯、玉米
豌豆片、胡蘿蔔片各適量

調味料：
鹽 ½ 茶匙、胡椒粉少許

做法：

1　大排肉切成一刀不斷、第二刀切斷的活頁狀肉排，240公克可切成2份肉排。攤開來用刀背將肉排拍鬆，撒上鹽和胡椒粉調味，醃約3～5分鐘。

2　兩片肉排中間放上乳酪和火腿各1片，夾好之後，先沾上麵粉，再沾上蛋汁，最後裹上麵包粉。

3　炸油燒至8分熱（160℃），放下豬排，用中小火炸約2分鐘，開大火再炸約20秒鐘，撈出，瀝乾油漬。

4　豬排切成寬條排盤。附上煮熟的玉米、豌豆片和胡蘿蔔片。

安琪老師的小叮嚀

●乳酪片有不同品牌和口味，均可選用。最好是融化後可以拉絲的。

# 紅燴洋蔥豬排

材料：

豬大排肉 3 片、洋蔥 ⅓ 個、洋菇 10 粒、胡蘿蔔絲 ½ 杯、麵粉 ⅓ 杯

調味料：

A　鹽 ½ 茶匙、胡椒粉少許
B　番茄醬 4 大匙或番茄膏 3 大匙、鹽 ⅓ 茶匙、糖 ½ 茶匙、水 2 杯

做法：

1　大排肉用刀背拍鬆、拍大，撒鹽和胡椒粉醃5分鐘。
2　洋蔥切絲；洋菇依大小切對半或厚片。
3　豬排沾上麵粉，用2大匙油煎黃表面，煎黃後先盛出。
4　另加1大匙油炒香洋蔥絲，再放入洋菇片和胡蘿蔔絲同炒，加入調味料B，煮滾後放下豬排，用小火煮至熟（約4～5分鐘）。
5　開大火略收乾湯汁，或另用少許太白粉水勾芡。紅燴的湯汁適合拌飯、配麵，再附一些綠色蔬菜營養更均衡。

安琪老師的小叮嚀

●如用帶骨的豬排則燒煮的時間要加長，否則靠大骨的地方不易熟。

# 香蒜豬排角

材料：
豬大排肉 250 公克、大蒜末 2 大匙
綠豆芽 150 公克、韭菜段少許
胡蘿蔔絲少許

調味料：

A　鹽 ¼ 茶匙、黑胡椒粉 ⅙ 茶匙

B　酒 ½ 大匙、淡色醬油 1 大匙、水 3 大匙
　　美極鮮味露 1 茶匙

C　鹽、胡椒粉各少許

做法：

1　豬肉先切成2公分厚的豬排，用刀面拍打一下、並用叉子叉數遍，使肉質變鬆。撒上調味料A醃3～5分鐘。

2　鍋中燒熱1大匙油，放下豬排以大火煎約30秒，翻面再煎30秒。挾出豬排，改刀切成2公分大小的塊。

3　改小火，放大蒜末入鍋，慢慢炒香（油不夠時可沿著鍋邊再淋下一些）。待透出蒜香時，放回豬排塊，淋下先調勻的調味料B，蓋上鍋蓋燜30～40秒，待豬排剛熟時便盛出裝盤。

4　另用少許油炒胡蘿蔔絲和綠豆芽，見綠豆芽已熟，放下韭菜段和調味料C，盛在豬排旁即可上桌。

# 咖哩豬排

**材料：**
豬大排肉 2 片、包心菜絲 1 杯、麵粉 ½ 杯
蛋 1 個、麵包粉 1 杯

**調味料：**
A　鹽 ½ 茶匙、胡椒粉 ¼ 茶匙
B　咖哩醬料：咖哩塊 2 小塊、鹽適量
　　　　　　冷凍三色蔬菜 ½ 杯
　　　　　　清湯或水 1 杯、洋蔥丁 ⅓ 杯

**做法：**

1　大排骨肉選購花而嫩的部位，用叉子在肉上輕輕叉上些小洞，撒上調味料A醃10分鐘。

2　蛋打散。將肉排先沾上麵粉，再在蛋汁中沾一下，最後沾滿麵包粉。

3　鍋中把炸油燒至8分熱，放入豬排以小火炸約2分鐘，撈出。油再燒熱，放下豬排，以大火再炸10～15秒鐘，至豬排成金黃色，撈出瀝乾油，切成寬片，和包心菜絲一起裝盤。

4　用1大匙油炒香洋蔥，再放入三色蔬菜同炒，加清湯煮滾，再加咖哩塊攪至融化，如有需要，可再適量加鹽調味，裝入碗中，隨豬排上桌。

安琪老師的小叮嚀

●包心菜切絲後，最好在冰水中浸泡 10 分鐘再瀝乾來吃，較為脆爽好吃。

# 翡翠三絲

材料：

豬大排肉 80 公克、西洋菜 1 把、筍 1 支（約 150 公克）、蔥 1 支

調味料：

A　鹽 ¼ 茶匙、水 1～2 大匙、太白粉 ½ 茶匙
B　鹽適量、麻油數滴

做法：

1　大排肉先切成薄片，再切成細絲。先用鹽和水拌勻（太黏稠時可再加少量的水），再拌入
　　太白粉，醃20分鐘以上。
2　西洋菜摘掉葉子、留下梗子，切成約4公分長，用滾水川燙一下，撈出後沖涼。筍去殼、
　　煮熟（約20分鐘），涼後切絲。蔥切段。
3　起油鍋用約2～3大匙的油把肉絲炒散、炒熟，盛出。放下蔥段爆香，再加入西洋菜、筍絲
　　和1～2大匙的水一起炒熱，加鹽調味，放入肉絲炒勻，滴下麻油再炒合即可。

安琪老師的小叮嚀

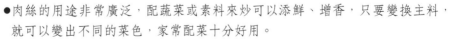

●肉絲的用途非常廣泛，配蔬菜或素料來炒可以添鮮、增香，只要變換主料，
　就可以變出不同的菜色，家常配菜十分好用。
●豬肉中可以切成肉絲來炒的部分很多，最普遍的是用大排肉和小裡脊，大排
　肉切出的肉絲直，炒起來較漂亮、也有口感，小裡脊則較嫩。也有用較低價
　的前後腿肉來切。
●一般醃豬肉絲多是用醬油，用鹽來醃肉絲會使肉的顏色較白，可以依菜的色
　澤做整體考量，是用鹽或醬油來醃，但是用鹽醃的時間不能太久，以免肉脫
　水變老。

# 椰香葡汁小裡脊

材料：

豬小裡脊肉 150 公克、山藥 150 公克、椰漿 ½ 杯
洋蔥丁 ½ 杯、大蒜屑 ½ 大匙、麵粉 1 大匙
胡蘿蔔 100 公克、四季豆 12 支、咖哩粉 1½ 大匙

調味料：

A 醬油 1 茶匙、鹽少許
　太白粉 1 茶匙、水 1 大匙

B 鹽 ½ 茶匙、糖 ¼ 茶匙
　清湯或水 1 杯

做法：

1 小裡脊肉切成薄片，用調味料A拌勻，醃20分鐘。

2 山藥切塊；胡蘿蔔切片；四季豆一切為二，放清水中煮3～4分鐘，撈出備用。

3 用2大匙油炒香洋蔥丁和大蒜屑，加入咖哩粉炒香，再放下麵粉一起炒勻，加入鹽、糖、清湯和椰漿攪勻，放入山藥、胡蘿蔔和四季豆，煮3～4分鐘。

4 將小裡脊肉平舖在表面，蓋上鍋蓋燜煮1～2分鐘，肉片熟後即可裝盤。

安琪老師的小叮嚀

●也可以用切片的大排肉或火鍋肉片來做這道菜。

# 豉椒爆裡脊

材料：
豬小裡脊肉 200 公克、蔥 3 支、大紅辣椒 2 支
豆豉 1 大匙

調味料：

A　醬油 ½ 大匙、太白粉 ½ 茶匙
　　水 1～2 大匙

B　醬油 1 茶匙、糖 ¼ 茶匙、麻油數滴
　　水 2～3 大匙

做法：

1　小裡脊切成片或粗條，用調味料A拌勻，放置20分鐘以上。

2　蔥斜切段，較粗的蔥可以切斜絲。紅辣椒斜切片。豆豉略泡水3～5分鐘，瀝去水分，大略切幾刀，如果是用較軟的蔭豉，不用泡、切幾刀即可。

3　起油鍋，用4大匙油將肉片過油炒熟、瀝出。油倒出，僅用約½大匙油小火炒香豆豉，放入蔥段再翻炒數下。聞到蔥香時，淋下醬油烹香，隨即放下肉片和紅辣椒，加入糖和水，改大火藉水氣將材料炒勻，關火。滴下麻油，快速拌勻，裝盤。

# 紫蘇小裡脊

材料：
小裡脊肉 200 公克、紫蘇葉 4 ～ 5 片
麵粉 2 大匙

調味料：

A　鹽 ¼ 茶匙、酒 ½ 茶匙、蛋黃 1 個
　　胡椒粉少許、水 1 大匙

B　蛋麵糊：蛋 1 個、麵粉 2 大匙、太白粉 2 大匙
　　水適量

做法：

1　小裡脊切成約1公分厚的長片，用調味料A拌勻，醃30分鐘。

2　碗中調好蛋麵糊；紫蘇葉切成細絲。

3　將紫蘇拌入肉片中。肉片先沾一下乾麵粉，再沾上蛋麵糊，快速投入8分熱的油中，以中小火炸熟。

4　撈出肉塊，燒熱油，再以大火炸10秒，撈出，瀝乾油後裝盤。

# 蔥燒大排骨

**材料：**
豬大排肉 3 片、青蔥 4 ～ 5 支、麵粉 3 大匙
油 2 ～ 3 大匙

**調味料：**

A　醬油 2 大匙、酒 1 大匙、胡椒粉少許
　　水 2 大匙

B　醬油 1 大匙、糖 ½ 茶匙、水 ⅔ 杯

**做法：**

1　蔥切段。大排肉用刀背或肉槌敲打，使肉質拍鬆、肉排拍大。

2　用調味料A拌勻，醃泡10分鐘，下鍋前沾上一層薄薄的麵粉。

3　炒鍋燒熱油，放下大排骨肉，以中火煎過豬排兩面，定型後盛出，每片切成3長條塊。

4　把蔥段下鍋炒至焦黃有香氣，加入調味料B，煮滾後放回大排肉，改用中小火燒約3～5分
　鐘至熟，盛出，裝盤。

安琪老師的小叮嚀　●肉排下鍋煎之前，要拍掉多餘的粉，以免粉在油中容易燒焦。如果煎過豬排
的油已經焦黑，要換油再煎蔥段。

# 培根蘑菇小裡脊

材料：
小裡脊 400 公克、培根 3 片、洋菇 10 粒、洋蔥 ¼ 個、麵粉 ½ 大匙
配菜 2 ～ 3 種（紅甜椒、玉米筍、苜蓿芽）

調味料：

A　鹽、胡椒粉、酒各少許
B　清湯 ⅔ 杯、鹽和胡椒粉各適量、奶油 1 大匙

做法：

1　小裡脊取較粗的一端，切成約2～3公分厚的肉排，可切成3片。用肉槌將肉拍成較扁、但是較大的形狀，撒上調味料A醃5～10分鐘。

2　培根切粗條；洋菇切厚片；洋蔥切絲。

3　鍋中燒熱2大匙油，放下豬排大火煎30～40秒鐘，見有焦痕，翻面再煎30秒，改小火、淋下約3大匙左右的水，蓋上鍋蓋、煎至豬排熟透，盛入盤中。

4　在煎豬排時，另用一個鍋子做醬汁，以1大匙油先煎香培根，待培根出油時，放入洋蔥和洋菇同炒，待洋菇微軟時，撒下½大匙麵粉炒香，淋下清湯攪拌、調勻，煮滾後以鹽和胡椒粉調味，加入奶油攪勻，做成醬汁。

5　醬汁淋在肉排上，配上喜愛的蔬菜做配菜即可。

安琪老師的小叮嚀　●也可以用大排肉來做這道菜，最好選較花的一端較嫩。

# 蒜泥白肉

材料：
豬前腿肉 250 公克、蔥 2 支、薑 2 片

調味料：
大蒜泥 ½ 大匙、冷清湯 2 大匙、辣油 1 大匙
醬油膏 2 大匙、糖 ½ 茶匙、麻油 ½ 茶匙

做法：

1 豬肉連皮、整塊放入滾水中，加入蔥、薑和酒，用小火煮約30分鐘，用筷子試插肉中，如無血水滲出即係已熟，待冷透後取出。

2 切下肉皮，再逆紋片切成大薄片。

3 將肉片全部放在漏勺內，落入煮滾的肉汁中，大火川燙一下，約3～5秒鐘即可撈出，瀝乾水分，平排在盤上。

4 小碗中調勻調味料，淋在肉片上即可。

安琪老師的小叮嚀

●蒜泥白肉要選用較完整、煮後不會散開的部位，另外可選擇後腿肉中間的老鼠肉或五花肉或邊肉或其他口感較 Q 的部位。

# 香滷肉排

材料：
梅花肉 700 ～ 800 公克、蔥 4 支、薑 1 片
八角 1 粒、月桂葉 2 片、棉繩 2 條

調味料：
醬油 ½ 杯、酒 2 大匙、冰糖 1 大匙

做法：

1　蔥切段；梅花肉用棉繩紮成圓柱形，放入鍋中，用2大匙油煎黃表面，取出。

2　放下蔥段、薑、八角、月桂葉，用餘油炒香一下，放回肉排，淋下調味料和水4杯，煮滾後改用小火滷煮，約1個半小時，煮至喜愛的軟度。關火、浸泡1小時以上。

3　待肉排涼後取出肉排，切片裝盤，滷湯用大火略收濃稠一些，滴入少許麻油，再淋在肉排上即可。

# 咕咾肉

材料：
前腿肉 300 公克、洋蔥 ⅓ 個、青椒 ½ 個、鳳梨 3 片、酸果 1 杯
太白粉 ½ 杯

調味料：

A　醬油 1 大匙、蛋黃 1 個、太白粉 1 大匙、水 1 大匙
B　番茄醬 3 大匙、糖 3 大匙、白醋 3 大匙、水 6 大匙、鹽 ¼ 茶匙
　　麻油數滴、太白粉 2 茶匙

做法：

1　肉先切成厚片，再用刀背來回將肉排拍鬆，切成2公分大小之方塊，用調味料A
　　拌醃半小時以上。

2　洋蔥切塊；青椒去籽、切小塊；鳳梨切成小塊。

3　肉塊沾上太白粉，投入燒熱的炸油中，將大火炸至金黃而熟時撈出。油再燒
　　熱，放入肉塊再炸約10秒鐘，撈出。

4　另燒熱1大匙油炒洋蔥、青椒和酸果，倒下調味料B，用大火煮滾，馬上熄火。

5　將鳳梨片和炸好的肉塊落鍋，快加翻炒數下，即可裝盤。

安琪老師的小叮嚀

●「酸果」即廣東甜酸口味的泡菜（黃瓜、白蘿蔔和胡蘿蔔切小塊，
　用鹽醃至脫水後泡在糖醋汁中），亦可以用紅甜椒、番茄等代替。

# 洋蔥梅肉片

材料：
梅花肉片 200 公克、洋蔥 ½ 個
青椒 ½ 個、大蒜 1 粒

調味料：
A 醃肉料：醬油 2 茶匙、太白粉 2 茶匙、水 1 大匙
B 醬油 ½ 大匙、鹽少許、黑胡椒粉少許

做法：

1 視火鍋肉片的大小而定，大片的火鍋肉片可以一切為二，用醃肉料輕輕抓拌均勻，再放置
   10～15分鐘即可下鍋。

2 洋蔥切粗絲；青椒切絲；大蒜切碎。

3 起油鍋燒熱2大匙油，把肉片儘量分散放入油中，大火、快速的炒至肉片剛變色即盛出。

4 把油再燒熱（不足時可再加1大匙油），放入大蒜屑和洋蔥絲，炒至香氣透出且洋蔥已經
   回軟，放回肉片，淋下醬油和鹽調味，同時沿鍋邊淋下水2～3大匙，拌炒均勻，加入青椒
   絲再拌合，撒下胡椒粉即可。

# 蜜汁叉燒肉

**材料：**
梅花肉 600 公克、蔥 2 支、薑 3 片

**調味料：**
淡色醬油 3 大匙、酒 2 大匙、糖 2 大匙
海山醬 1 大匙、食用紅色素 ¼ 茶匙、果糖 ½ 大匙

**做法：**

1　梅花肉切成3公分寬、15公分長粗長條，在每條肉上劃切數刀斜紋。蔥切段；薑切片。

2　在大碗內先將蔥段（拍碎）、薑片及調味料（果糖除外）全部調好，放下肉條拌勻，醃約2～4小時，醃時要多翻動幾次。

3　烤架上塗油，將肉條排在上面。烤箱先預熱至250℃，放入烤架，烤20分鐘，取出翻一面，刷上醃肉汁，再烤10分鐘，便可取出。

4　趁熱刷上薄薄的果糖和少許油便成，可切片上桌或應用在其他菜式中。

**安琪老師的小叮嚀**

● 也可以用帶筋之大排肉、即靠上端的部分來烤叉燒肉。

● 沒有果糖時，可以將 2 大匙糖加 3 大匙開水以小火熬煮片刻，略為濃稠後來代替。

# 銀紙松子肉

材料：
豬肉（梅花肉或小裡脊肉）200 公克
松子 2 大匙、蔥 2 支、薑 2 片
鋁箔紙（8×8 公分）8 張

調味料：
醬油 1 大匙、糖 ½ 茶匙、鹽、胡椒粉
五香粉各少許

做法：

1 豬肉切成細條。蔥、薑拍碎、加水2大匙，擠出蔥薑水拌入肉中，再加入調味料拌勻，加入松子。

2 鋁箔紙上刷上少許麻油或一般油，放入約1大匙的肉料，包捲成糖果狀。

3 烤箱預熱至250℃，放入肉捲烤15～17分鐘，用手按肉捲，如已變硬即是熟了，取出裝盤上桌。

# 清湯肉羹

材料：
前腿肉 200 公克、魚漿 200 公克
白蘿蔔條 150 公克、胡蘿蔔絲 ½ 杯
開水 6 杯、柴魚片 1 小包

調味料：
A 醬油 ½ 大匙、太白粉 1 大匙、胡椒粉
糖各少許、水 1 大匙
B 醬油 1 大匙、鹽 1 茶匙、太白粉水 3 大匙
C 炸紅蔥頭屑、香菜屑、胡椒粉、麻油各適量

做法：

1 選用前腿部份之瘦肉，切成4～5公分長、如竹筷子般粗細的條狀，用調味料A拌勻，醃20
分鐘後，加入魚漿拌合。

2 鍋中燒滾6杯水，將白蘿蔔條及胡蘿蔔絲加入，煮至蘿蔔變軟後，將第一項肉料一條條投
入鍋中，用小火煮熟（約3分鐘），放醬油、鹽調味，淋下太白粉水勾芡，最後加入柴魚
片，關火。

3 盛在大湯碗中，撒下適量的調味料C便可上桌。

安琪老師的小叮嚀　●肉羹中也可以用白菜、綠竹筍或麻筍代替白蘿蔔。

# 金針雲耳燒小排

**材料：**
五花肉排 500 公克、金針菜 30 支
乾木耳 2 大匙、薑 2 片、蔥 2 支

**調味料：**
酒 2 大匙、醬油 4 大匙、糖 2 茶匙
鹽適量

**做法：**

1 五花肉排剁成約4公分長，在開水中燙過，撈出、洗淨；金針菜泡軟，摘去硬頭，每兩支打成一個結；乾木耳泡軟、摘淨；蔥切段。

2 鍋中燒熱2大匙油，放下蔥段和薑片爆炒至香，放下小排骨，淋下酒和醬油再炒一下，注入水2½杯，並放下糖，煮滾後改小火，燒約1小時。

3 加入金針菜和木耳，再煮30～40分鐘，如湯汁仍多，適量加鹽調味並以大火收乾湯汁。

# 洋蔥燒子排

材料：
五花肉排 600 公克、洋蔥 2 個
月桂葉 3 片、八角 1 顆

調味料：
酒 3 大匙、醬油 7 ～ 8 大匙、冰糖 1 大匙

做法：

1　如請客時，可將排骨4～5支連在一起燒，也可以一支支分開，剁成約5公分長段。用水川
燙掉血水，撈出。

2　洋蔥切成寬條，用油炒至黃且有香氣透出，盛出⅓量留待後用。

3　排骨放在洋蔥上，淋下酒和醬油煮滾，放下月桂葉、八角和冰糖，注入水3～4杯，水要蓋
過排骨，煮滾後改小火燉燒約2小時。

4　燉煮至排骨夠爛，在關火前約15分鐘時，放下預先盛出之洋蔥，一起再燉煮至洋蔥變軟且
入味。

# 糖醋排骨

材料：

小排骨 400 公克、洋蔥 ¼ 個、小黃瓜 1 條、番茄 1 個、鳳梨 3～4 片、蔥 1 支
大蒜 2 粒、蕃薯粉 ½ 杯

調味料：

A　鹽 ¼ 茶匙、醬油 1 大匙、胡椒粉少許、麻油 ¼ 茶匙、小蘇打粉 ¼ 茶匙
B　番茄醬 2 大匙、白醋 1 大匙、烏醋 2 大匙、糖 3 大匙、鹽 ¼ 茶匙、酒 ½ 大匙
　　麻油 ¼ 茶匙、水 4 大匙、太白粉 1 茶匙

做法：

1　小排骨剁成約3公分的小塊，用調味料A拌勻醃1小時，沾上蕃薯粉。

2　洋蔥切成方塊；小黃瓜切小塊；番茄一切為六塊；鳳梨切成小片；大蒜切片；蔥切段。

3　燒熱炸油，放入小排骨，先以大火炸約10秒，再改以小火炸熟，撈出排骨。將油再燒熱，
　　放入排骨大火炸10秒，將排骨炸酥，撈出瀝淨油。

4　用1大匙油炒香洋蔥和大蒜，放入番茄、蔥段和黃瓜，炒幾下後，加入調味料B和鳳梨，
　　炒煮至滾，最後放入排骨一拌即可裝盤。

安琪老師的小叮嚀

●這是一道台式的糖醋排骨，與上海式的不同，上海式的排骨是不沾粉、乾炸
的，最後只淋糖醋汁（汁中不加番茄醬）而且沒有配料的。

# 荷葉粉蒸排骨

材料：
五花肉子排（5～6公分長）8塊，約700公克、乾荷葉2張、蒸肉粉1½杯

醃肉料：
蔥2支、醬油3大匙、糖1大匙、酒1大匙、油2大匙、甜麵醬2茶匙

做法：

1　做這道菜宜選用帶有肥肉層、較厚一端的五花肉排來做，洗淨、拭乾水分後，全部放在盆內，加入醃肉料充分攪拌均勻，醃約1小時。

2　乾荷葉洗乾淨，再用溫水泡軟，擦乾水分，1張分成4小張。

3　排骨醃過後，將蒸肉粉撒下，和排骨調拌均勻。攤開荷葉，上面放一塊排骨肉（要沾滿蒸肉粉），包成長方包。逐個做好後，整齊的排列在蒸碗中。

4　荷葉排骨連碗放入蒸鍋中，用中火蒸約3小時以上，至排骨夠爛即可取出，扣在大盤中。

安琪老師的小叮嚀

●怕太肥的人可以選瘦肉多的部位，或用梅花肉來做，蒸的時間可以縮短至2～2.5小時。

# 橙汁排骨

材料：
小排或五花排 500 公克
萵苣生菜葉 1～2 片

調味料：

A 醬油 2 大匙、小蘇打 ¼ 茶匙、水 2 大匙
麵粉 1 大匙、太白粉 1 大匙

B 柳橙汁 ¼ 杯、糖 1 大匙、檸檬汁 1 大匙
新鮮柳橙原汁 3 大匙、鹽 ¼ 茶匙、太白粉 1 茶匙

做法：

1　小排骨剁成約4～5公分的長段，每塊再剁開成兩半，用調味料A拌勻，醃1小時以上。

2　調味料B先調勻。

3　炸油燒熱，放入排骨以中小火炸至熟，撈出。油再燒熱，放入排骨以大火炸10～15秒，見排骨成金黃色，撈出。將油倒出。

4　將調味料B倒入鍋中，煮滾後關火，放入排骨拌一下，盛到墊了萵苣生菜葉的盤中。

安琪老師的小叮嚀　●炸的小排骨肉要薄些，才能炸得酥透，儘量剁得窄一點。

# 無錫肉骨頭

材料：
五花肉子排 600 公克、豆苗 300 公克
蔥 2 支、薑 3 片、八角 1 顆
桂皮 1 小片

調味料：
醬油 6 大匙、酒 2 大匙、冰糖 2 大匙
麻油少許

做法：

1　將子排剁成約5公分的長段。豆苗摘好；蔥切段。

2　起油鍋用2大匙油炒子排，炒至肉變白色，放入薑片和蔥段一起炒香，倒入醬油，加入酒、冰糖、八角、桂皮和開水3杯，煮滾後改以小火燜煮2小時以上。

3　見排骨已燒得十分爛，收乾湯汁，淋下麻油，盛入盤中。

4　豆苗快速炒熟，調味後圍在排骨周圍即可。

安琪老師的小叮嚀

●傳統老法燒無錫肉骨頭是將排骨先泡醬油，再用熱油炸黃了來燒，現代飲食要求少油，因此只炒過即可燒。

# 豉汁蒸小排

材料：
小排骨 300 公克、炸肉皮 1 塊
豆豉 2 大匙、紅辣椒屑 1 大匙
大蒜屑 1 大匙、太白粉 1 大匙

調味料：
酒 1 大匙、鹽 ¼ 茶匙、糖 1 茶匙、鹽 ¼ 茶匙
淡色醬油 1 茶匙、水 2 大匙、柳橙原汁 3 大匙
太白粉 1 茶匙

做法：

1　小排骨要剁成小塊，用太白粉拌勻，放置片刻。
2　炸肉皮用水泡軟，切成小塊，舖放在蒸盤中。豆豉用冷水泡3～5分鐘。
3　起油鍋炒香豆豉，淋下酒爆香，再加入其餘調味料炒勻，關火後放下小排骨拌合，盛入盤中的肉皮上。
4　將紅辣椒屑和大蒜屑撒在小排骨上，大火蒸20分鐘即可。
5　取出排骨後可以換一個盤子上桌。

# 鹽酥排骨

材料：
小排骨 300 公克、九層塔葉適量
蕃薯粉 ½ 杯

調味料：

A 醃肉料：醬油 1 大匙、鹽 ¼ 茶匙、蛋黃 1 個
　　　　　小蘇打 ⅙ 茶匙、糖 ½ 茶匙

B 胡椒粉、五香椒鹽各適量

做法：

1 小排骨剁成約3公分的小塊，用醃肉料拌勻，醃1小時以上。

2 小排骨外沾滿蕃薯粉，放置5～10分鐘後再沾一次蕃薯粉。

3 炸油燒至8分熱，放入排骨炸10秒鐘後改以小火炸熟。撈出排骨，將油再燒至9分熱，放下排骨再炸10秒鐘，撈出、瀝乾油。放下九層塔葉片炸酥。

4 排骨放在大碗中，撒下胡椒粉和五香椒鹽，抖拌一下使排骨均勻沾上味道，加入九層塔一拌即可。

# 香烤肋排

材料：

五花肉子排 600 公克

調味料：

大蒜 4 粒、醬油 5 大匙、糖 ½ 大匙、味醂 1 大匙、番茄醬 1 大匙、酒 2 大匙

做法：

1　子排要剁成長段（每支大約長10公分），洗淨、擦乾。

2　大蒜用刀面拍碎，放在大碗中，加入調味料調勻，放下排骨拌均勻，醃2小時以上。

3　烤盤中先舖1張鋁箔紙，把排骨排在上面，烤箱預熱後，用大火250℃來烤，烤15分鐘。

4　拉出烤盤，在排骨兩面均勻刷上醃肉汁。翻一面再烤10分鐘。

5　以竹籤或叉子在靠近骨頭處插一下，試驗排骨是否熟了。烤時如果排骨已經太焦，可以覆蓋一張鋁箔紙在排骨上。

安琪老師的小叮嚀

●做這道菜可選用肉層較厚的子排來烤。如要簡便些，可以直接塗市售的蜜汁烤肉醬，如果烤肉醬太濃稠，可加酒或水稀釋再用。

# 扁尖冬瓜排骨湯

材料：

煮湯排骨 400 公克、冬瓜 600 公克、番茄 2 個、扁尖筍 2 球或扁尖筍尖 1 小把
蔥 2 支、薑 2 片

調味料：

酒、鹽適量

做法：

1　煮湯排骨投入滾水中，燙煮至變色、沒有血水，撈出、洗乾淨。蔥切段。

2　湯鍋中煮滾7～8杯水，放入排骨、蔥段、薑片和酒，煮滾後改小火燉煮，要燉至少1小時以上，使排骨的味道溶至湯中，做成排骨高湯。

3　扁尖筍泡冷水至漲開，剪短一些，粗的梗部撕成細條，投入湯中同煮。40分鐘後加入切塊的番茄和冬瓜再一起煮，煮軟後加鹽調味即可。

安琪老師的小叮嚀

● 扁尖筍是一種筍乾，在大市場的南北貨店中有售，有整條捲成球狀的和塑膠袋或竹簍裝的扁尖筍的嫩尖兩種。風味特殊，江浙菜中用到，本身已經很鹹，加鹽要小心。

● 排骨湯有營養，要長時間燉煮才夠香濃，燉時可以加少許醋（8 杯水約加 1 茶匙），使鈣質加快釋出至湯中。一次可多燉一些，分次食用。

# 爌方

材料：
五花肉一長方塊（約 700～800 公克）
蔥 5 支、薑 2 片、八角 1 粒、青蒜絲少許
青江菜 6 棵

調味料：
醬油 ⅔ 杯、紹興酒 ¼ 杯
冰糖 2～3 大匙、水 3 杯

做法：

1　五花肉整塊放入滾水中燙煮1分鐘，取出洗淨。再放入湯鍋中加蔥、薑、八角、酒和水一起煮1個小時。

2　將五花肉移至蒸碗內（皮面朝下），加入醬油、冰糖和煮肉汁，以鋁箔紙或保鮮膜封口，或蓋上蓋子。上鍋蒸2～3小時以上至肉夠軟爛。

3　將肉汁倒入湯鍋中，蒸好的五花肉皮面朝上放在盤中。肉汁用大火來熬煮、收乾，邊煮邊攪動，將湯汁收得濃稠又光亮，淋在五花肉上。可撒上少許青蒜絲，並圍上炒過的青江菜上桌。

# 福祿肉

材料：
五花肉 600 公克、蔥 3 支、薑 2 片
大蒜 3 粒

調味料：
紅糟 2 大匙、紅豆腐乳 1 塊（或白色亦可）
酒 2 大匙、淡色醬油 1 大匙、冰糖 1½ 大匙

做法：

1　五花肉切成喜愛的大小，用熱水川燙1分鐘，撈出洗淨。

2　蔥切段；大蒜拍裂；豆腐乳加約2大匙的腐乳汁，壓碎調勻。

3　炒鍋中用1大匙油爆香大蒜，再放下蔥、薑炒香，加入紅糟和肉塊再炒一下，待香氣透出後淋下酒、冰糖和水3杯，煮滾後最好移到較厚的砂鍋中燉煮。

4　燉煮約1小時左右，至喜愛的軟爛程度，關火盛出。

安琪老師的小叮嚀　●紅燒肉的時間很難準確的規定，要依肉的老嫩及個人喜好的口感而定。

# 山藥紅燒肉

材料：
五花肉 600 公克、山藥 400 公克、胡蘿蔔 200 公克、蔥 4 支、薑 2 片
八角 1 顆

調味料：
酒 4 大匙、醬油 4 大匙、冰糖 ½ 大匙、鹽酌量

做法：

1　豬肉切成塊，用熱水川燙約1分鐘，撈出、沖洗乾淨。

2　山藥削皮、切成塊；胡蘿蔔削皮後，也切成滾刀小塊；蔥切段備用。

3　鍋中燒熱1大匙油，放入蔥段、薑片和八角炒香，放入豬肉，淋下酒和醬油，
　　炒至醬油香氣透出，加入約3杯的水，大火煮滾後改小火慢燒。

4　約1個小時後（時間長短依個人喜愛之軟爛口感而定），加入胡蘿蔔和糖，再煮
　　約5分鐘後加入山藥，續煮至山藥已軟。若湯汁仍多時，開大火收乾一些。嚐
　　試一下鹹度，可酌量加鹽調味。

安琪老師的小叮嚀

●山藥可先炸過再紅燒，會使山藥比較容易上顏色，也比較不會煮碎
掉。當然，在最後肉和山藥都夠爛時，就不要用杓子隨意翻動，以
防把肉翻散開了，只要輕輕搖晃鍋子以使湯汁收濃一些便好。

# 回鍋肉

材料：
豬肉（五花肉或後腿）300 公克、高麗菜 300 公克、豆腐乾 5 塊、紅辣椒 2 支
青蒜 1 支

煮肉料：
蔥 1 支、薑 2 片、酒 1 大匙

調味料：
甜麵醬 2 大匙、醬油 1 大匙、水 1 大匙、辣豆瓣醬 ½ 大匙、糖 2 茶匙

做法：

1 豬肉要選整塊、約有4公分寬，放入水中，加煮肉料煮至熟，約30～40分鐘。
　撈出、待冷後逆紋切成大薄片。

2 高麗菜切小片；豆腐乾斜刀片成薄片；紅辣椒去籽、切片；青蒜切絲備用。

3 甜麵醬在小碗內和調味料先調勻。

4 鍋內燒熱1大匙油，放入肉片爆炒至肥肉部份的油已滲出，將肉盛出。用餘油
　來炒高麗菜及豆腐乾，加少許清水將高麗菜炒軟、盛出。

5 另用1大匙油炒香甜麵醬料，至有香氣透出時，才將肉片、包心菜等倒回鍋內
　拌炒均勻，放下紅辣椒及青蒜便可盛出。

# 焢肉

**材料：**

五花肉 1 塊（約 700 ～ 800 公克）

**調味料：**

A 蔥 2 支、薑 2 片、八角 1 顆、酒 2 大匙
B 大蒜 2 粒、酒 2 大匙、醬油 5 大匙
　糖 1 大匙、五香粉 ¼ 茶匙

**做法：**

1　五花肉要有5～6公分的寬度，整塊放入湯鍋中，加入滾水4杯和調味料A，煮約40分鐘，取出。待涼後切成約1公分厚的大片。

2　大蒜拍一下，用1大匙油將蒜爆香，淋下酒和醬油炒香，放下肉片和煮肉的湯汁（包括蔥等），小火再燉煮約40分鐘至肉已達喜愛的爛度。

3　加入糖和五香粉調味，大火把湯汁稍微收濃一些即可。可以放在白飯上，淋下肉汁或夾在刈包中，再加上花生粉、香菜和酸菜一起吃。

# 蒜炒五花肉

材料：
五花肉 300 公克、青蒜 2 支
紅辣椒 2 支

調味料：
A　蔥 1 支、薑 2 片、八角 ½ 顆、酒 1 大匙
B　酒 1 大匙、醬油膏 2 大匙、煮肉清湯 2 大匙
　　白胡椒粉少許

做法：

1　湯鍋中煮滾5杯水，放入五花肉和調味料A，大火滾1分鐘後改小火煮約20分鐘至肉已熟，浸泡至湯涼後取出，切成約0.3公分薄片。

2　青蒜、紅辣椒切斜片。

3　炒鍋中熱1大匙油，將五花肉片略煎炒一下，至五花肉的肥肉部分出油。

4　放下辣椒和青蒜，淋下酒，再加其他調味料B，大火炒勻。

安琪老師的小叮嚀

●也可以不用把五花肉煮熟，直接用油將生的肉片炒熟，肉吃起來較 Q。煮熟後再切片則較完整、平滑且較嫩。

# 荔甫扣肉

材料：
五花肉 1 整塊（約 700 ～ 800 公克）、大芋頭 1 個

調味料：
醬油 5 大匙、酒 1 大匙、糖 1 大匙、五香粉 ¼ 茶匙、大蒜屑 1 大匙

做法：

1  五花肉放入滾水中煮約40分鐘至完全熟透。
2  取出肉後擦乾水分，泡入醬油中，把肉的四周都泡上色後，投入熱油中炸黃外層。撈出肉，立刻泡入冷水中。
3  泡約5～6分鐘後，見外皮已起水泡，取出肉，切成大片。
4  大芋頭削皮後切成和肉一樣大的片狀，也用醬油拌一下，炸黃備用。
5  在大碗中把芋頭和五化肉相間隔排好，多餘的肉片和芋頭排在碗中間，淋下醬油和其他的調味料，放入蒸籠或電鍋中，蒸約1½小時至肉夠軟爛，取出。
6  將湯汁泌入鍋中煮滾，肉和芋頭倒扣在大盤中，將肉汁淋在扣肉上即可。

安琪老師的小叮嚀

●傳統扣肉的做法雖然比較麻煩又費油去炸，但經過多次處理後肥肉層的油都蒸出來了，五花肉也不油膩了，一次可以做 2 ～ 3 份，吃時再回蒸。可以用梅乾菜代替芋頭做梅乾扣肉。

# 醃燉鮮

材料：
火腿 200 公克、五花肉 400 公克、豬骨頭 400 公克、筍 2 支、百頁 1 疊、青江菜 6 棵
蔥 2 支、薑 2 片、青蒜 ½ 支、小蘇打粉 ½ 茶匙

調味料：
酒 2 大匙、鹽適量

做法：

1　豬骨頭燙水、洗淨後，放入10杯水中，加蔥、薑和酒，煮約2小時做成高湯。撈除骨頭，
　　高湯備用。

2　火腿和五花肉均燙過，火腿撈出後要刷洗乾淨。兩種肉一起放入高湯中，煮30分鐘時先撈
　　出五花肉，到60分鐘時，撈出火腿，分別切成塊。青蒜切絲。

3　百頁一切為兩張，每半張捲起、打結。5杯水煮滾、關火，水中加小蘇打粉，並放下百頁
　　結，浸泡約30～40分鐘至百頁結變軟。撈出、多沖幾次冷水。

4　火腿、五花肉、切塊的筍一起放入高湯中，加1支蔥和酒再煮40分鐘。放入百頁結再煮約
　　10分鐘至入味。

5　青江菜燙過後沖涼，最後放入鍋中煮3～5分鐘。加鹽調味，起鍋前撒下青蒜絲，上桌。

安琪老師的小叮嚀

●這是一道有名的江浙湯菜，是用醃的豬肉（火腿）和新鮮的豬肉一起燉煮而
　成的，許多餐館菜單上寫「醃篤鮮」。
●如果覺得泡百頁結很麻煩，也可以直接買現成機器製的，當然自己泡的比較
　好吃啦！

# 梅乾菜燒肉

材料：
五花肉 600 公克、梅乾菜 2 包、蔥 2 支、薑 3 片、八角 1 顆

調味料：
醬油 2 大匙、酒 2 大匙、糖 2 茶匙

做法：

1 五花肉切成約1公分的肉片；如選用袋裝梅乾菜，直接泡水約10分鐘，梅乾菜略軟即可切短一點，湯汁留用。蔥切段。

2 鍋中加熱1大匙油，放下五花肉，把五花肉煎出油來。放下蔥段、薑片和八角炒香，淋下酒和醬油再翻炒至五花肉上色。

3 加入梅乾菜、糖和浸泡汁液（約1½杯，不足的可以加水），煮滾後改小火燒至肉軟爛。

安琪老師的小叮嚀

● 傳統梅乾菜是捲成一捲的，含沙較多，使用時要先沖水洗淨，同時也比較鹹，醬油和糖的比例要做調整。

● 梅乾菜有特殊的香氣，很下飯，也可以將五花肉先煮定型後切片，排在一個碗中，再加梅乾菜一起蒸至軟爛，做成梅乾菜扣肉。

# 東坡肉

材料：
五花肉 2 條（約 900 公克）、蔥 4 支、薑 1 小塊、八角 2 顆、桂皮 10 公克
水草繩 8 條

調味料：
糖 2 大匙、醬油 5 大匙、紹興酒 ½ 杯

做法：

1　五花肉選5公分寬一條，再切成5公分寬的四方塊。

2　水草繩泡軟，把五花肉綁成十字型，放入熱水中燙2分鐘。

3　鍋中用2大匙油炒糖，炒成黃褐色後加水4杯煮滾，再放入蔥、薑、八角、桂皮、醬油和酒 ¼杯，再煮滾後放下肉塊，以極小火煮2小時。

4　關火，待肉冷後，盛放到湯盅內，湯汁過濾後也倒入盅內，加入2大匙紹興酒，封好後再 蒸1小時。

5　冷後放入冰箱冷藏一夜。食用前撇除油脂，再加入2大匙酒，蒸20～30分鐘，肉熱透即可 上桌。

安琪老師的小叮嚀

●東坡肉較花時間，可以一次做兩份，連汁一起冷凍，吃時解凍，蒸熱即可。

# 蹄膀滷筍絲

材料：
蹄膀 1 個、乾筍絲 150 公克、蔥 4 支
薑 2 片、八角 1 顆

調味料：
醬油 ⅔ 杯、酒 3 大匙、冰糖 1 大匙

做法：

1 蹄膀拔除雜毛、刮淨，用滾水燙過、清洗乾淨。蔥切段。

2 筍絲切短、泡水至漲開，再放入多量的滾水中燙煮2～3分鐘以除去酸味。撈出，沖洗幾次、擠乾水分。

3 把蔥段墊在鍋中，上面放蹄膀，再把薑、八角、醬油和酒，一起放入鍋中，加入水（要蓋過蹄膀一半高度以上）。大火煮滾湯汁後改小火，燉煮約2個半小時。

4 待蹄膀略顯酥軟時，加入冰糖和筍絲，再續煮約半小時，至蹄膀夠爛即可關火。

安琪老師的小叮嚀

●燒滷蹄膀時可以將皮面朝下燒，使顏色漂亮。

# 麻辣蹄花

**材料：**

豬前腳 1 支（約 600 ～ 700 公克重）
蔥 3 支、薑 2 片、八角 1 顆、香菜 2 支

**調味料：**

A　醬油 4 大匙、酒 2 大匙、水 3 杯
B　麻辣汁：蔥花 1 大匙、花椒粉 ½ 茶匙
　　　　　　大蒜泥 1 茶匙、糖 ½ 茶匙
　　　　　　辣油 ½ 大匙、醬油或滷汁 2 大匙
　　　　　　鎮江醋 ½ 大匙、麻油 1 茶匙

**做法：**

1　豬腳連皮剁成約4公分大小，用滾水燙1分鐘，撈出後泡冷水並沖涼，瀝出。香菜切末。

2　將豬腳放回鍋內，加入蔥、薑、八角、調味料A（水要蓋過豬腳⅔高度），煮滾後改小火，
　　燒煮約1個半小時左右，至喜愛的爛度為止，撈出。待豬腳涼後，再改刀切小塊一點。

3　碗中調好麻辣汁，放下豬腳拌勻，裝入盤中，再撒下香菜末。

安琪老師的小叮嚀

●因為要再拌麻辣的味道，因此滷豬腳時不要太鹹。也可以買現成滷好的來拌。

# 可樂豬腳

材料：
豬腳 1 支（約 700 公克）、蔥 2 支、薑 4 片、青蒜 1 支、八角 1 顆

調味料：
醬油 6 大匙、酒 3 大匙、可樂 3 杯

做法：

1 豬腳剁成適當之大小（約4～5公分寬），放入開水中燙2分鐘，全部撈出，再洗淨、瀝乾。

2 蔥和青蒜切成長段，舖在鍋底，放下豬腳，再將八角、薑和調味料加入。先用大火煮滾，再改小火慢慢燒煮約1個半小時左右，見豬腳之皮已夠軟時，改用大火收乾一下湯汁，至有黏性便可盛出。

安琪老師的小叮嚀

● 豬前腳長、肉較多，後腳較短、肉少而筋多，可以隨個人喜愛而選擇。

● 可樂中有蘇打的成分，可以用來軟化肉質，甜度也可以代替紅燒中的糖分，很適合燒豬腳。

● 燒豬腳因較費時，可以用快鍋或燜燒鍋來煮，這兩種鍋具煮好後湯汁較多而清淡，要再打開鍋蓋，用大火收乾湯汁，以使湯汁濃稠、發亮。

# 麻油豬腳麵線

材料：
滷豬腳 4 塊、麵線 150 公克、薑絲 2 大匙
青菜適量

調味料：
黑麻油 2 大匙、米酒 ½ 杯、滷湯 ½ 杯
冰糖 1 茶匙、清湯 4 杯、鹽適量

做法：

1 起油鍋用麻油把薑絲爆香，淋下米酒、滷湯和冰糖，再煮2～3分鐘。

2 加入清湯和滷豬腳，再煮滾後加鹽調味，把湯分裝在2個碗內。

3 水燒開，放下麵線煮熟，撈出放入碗中。同時把青菜燙熟，和豬腳一起放在麵線上，即可食用。

安琪老師的小叮嚀

●滷豬腳的方法可以參考我出版的《第一時間快速上桌滷菜》中的方法去滷，或者用第 82 頁「可樂豬腳」的方法去燒好豬腳。

# 黃豆豬手湯

材料：
豬腳 600 公克、黃豆 100 公克
豬大骨 400 公克、薑 1 塊、八角 1 顆

調味料：
酒 2 大匙、鹽 1½ 茶匙

做法：

1　將豬腳剁成塊，和豬大骨一起放入滾水中燙煮2分鐘，撈出、沖洗乾淨。

2　黃豆洗淨，泡水約4～6小時（夏天時要放冰箱中）。

3　鍋中煮滾10杯水，放下豬腳、大骨、黃豆、薑塊、八角和酒。煮滾後改小火煮約3小時。

4　加鹽調味，上桌時可附醬油沾食豬腳。

安琪老師的小叮嚀

●可用快鍋將黃豆、豬腳等煮至 6 分爛時再用爐火燉煮，以使豬腳的膠質和肉香釋出。

# 醉豬腳

材料：

豬腳尖 2 支

調味料：

A　鹽水白滷湯 8 杯
B　浸泡酒汁：紹興酒或黃酒 1 杯、鹽水滷湯 2 杯、冷開水 1 杯、鹽 1 茶匙

做法：

1　豬腳最好選用皮多、肉少的前半段腳尖部分，剁成塊，放入滾水中燙煮1分鐘後，撈出、
　　洗淨。

2　豬腳放入鹽水白滷中，煮滾後改小火滷1小時，取出泡入冰水中泡至涼，撈出、瀝乾。

3　鹽水滷湯放涼，取2杯的量，加酒、冷開水和鹽調勻，放入豬腳，酒汁要全部蓋過豬腳，
　　蓋上蓋子，冷藏6小時以上即可食用。

安琪老師的小叮嚀

●鹽水滷湯的做法：
辛香料：大蒜 4 ~ 5 粒（拍裂）、蔥 2 支、薑 3 ~ 4 片
五香包：八角 2 顆、花椒 1 大匙、桂皮 1 片（3 公分長）、沙薑 2 ~ 3 片
　　　　小茴 ½ 大匙、草果 2 顆（或荳蔻 5 ~ 6 粒）、陳皮 1 片（2 公分直徑）
　　　　甘草 1 ~ 2 片、月桂葉 2 片
調味料：酒 ½ 杯、高湯 8 杯、鹽 2 大匙
做　法：將所有辛香料、五香包和調味料放鍋中，煮滾後以小火煮 10 分鐘即成
　　　　為鹽水滷湯。

# PART 2
# 關於牛肉

中國自古是以農立國，因為感念牛的辛勤工作，所以有許多人是不吃牛肉的，也因為這原因，傳統牛肉的吃法並不多，比較善於烹調牛肉的當屬粵菜餐館。我想也許是廣東一帶接受西洋文化較早，思想較開放，比較能接受「吃」牛肉，因此能把牛肉做得很好吃。

牛肉的烹調方法其實可以分成兩類，一種是快速烹調至熟、吃的是牛肉的嫩；一種是長時間把肉燉煮至軟爛、吃的是肉的香和口感，這兩類的烹調法需要選擇的部位全然不同。

近幾年因為進口牛肉的量很多，因此有了一些以前省產牛肉沒有的部位，這是因為國外和我們切割牛肉的方式不同。最明顯的就是牛小排，我們是將肋骨剔除，分割成整塊的肋條肉，而西式切割是直接連骨帶肉、橫著鋸開成片狀的牛小排。因此買牛肉時要先知道是買進口的？還是省產的牛肉。省產牛肉中就沒有沙朗牛排、Ｔ骨牛排、牛小排等部位，而在進口牛肉中除牛腱外也少有夾著筋的牛腩、牛肋條、三叉筋。

另外國外的牛隻在電宰後，必須經過 72 小時的無菌冷藏，即所謂的熟成（aged）階段，同時飼料和生長氣候也不相同，因此肉質和省產的不同。我見過只愛省產黃牛肉的死忠者，認為進口牛肉味道不夠香。其實肉沒有好壞之分，還是看你要做什麼菜式而定。讓我們先來了解一下牛肉吧！

### ✅ 適合爆炒川燙煎等快速烹調的

最嫩的肉當然是在脊椎內側的小裡脊、現在大家都稱為菲力的部位。但是一隻牛身上只有兩條，量非常少，因此常用的還有大裡脊肉（又稱螺絲心）、前腿、後腿和肩胛上的瘦肉。這幾個部位的嫩度不夠，因此餐廳中都是在醃牛肉時添加少量的小蘇打或嫩精。蘇打和嫩精都是可以食用的，尤其小蘇打還可以使肉產生 Q 嫩的口感，但用量要抓準（寧可少一點），以免肉產生苦澀味。川菜中有兩道有名的牛肉菜式：乾煸牛肉絲和陳皮牛肉，是不吃牛肉的嫩的，或者要做牛肉乾就可以買再老一點的肉。牛肉的老嫩可以由它纖維、紋路的粗細來判斷。

除了上述幾個全瘦的部位外，帶油花的牛小排、去骨牛小排肉、由螺絲肉冷凍後切成的火鍋肉片因帶有油花，也都適合快速烹調。

### ✅ 適合慢火燉煮的

有牛小排、螺絲肉、肋條、牛腩、三叉筋、牛腱子、牛筋、板腱、牛尾等。為了使滋味濃郁些，加幾塊牛大骨一起燒，效果會很好。這些不同部位需要的時間長短也不同，牛小排肉層薄，時間最短，其次是螺絲肉，基本上帶筋多的較不易爛，當然肉塊的大小也會影響時間長短。

### ✅ 牛排類

若論年輕人對牛肉的喜愛，牛排應該會是佔首位的。的確，一塊香嫩多汁的牛排是很吸引人的。牛排是西式切割法切割出來的部分，除了菲力牛排（tenderloin steak）、沙朗牛排（又稱肋眼牛排，rib eye steak）和紐約克牛排（又稱西冷牛排，New York strip or strip steak）三種價位較高的之外，嫩肩裡脊（chuck tender）、後腰脊肉（sirloin）、臀肉（top round）、肋條肉（rib finger）等很多部位也都可以煎來吃，或切成薄片炒來吃。這些牛肉名稱因為是翻譯的，所以並不統一，有時候還是要參考原文較準確。

# 糖醋黃金捲

材料：
牛絞肉 100 公克、餛飩皮 12 張
洋蔥丁 2 大匙、麵粉 1 大匙

調味料：

A　鹽 ¼ 茶匙、水 1 大匙、蛋白 1 大匙
　　太白粉 2 茶匙、醬油 ½ 大匙

B　番茄醬 2 大匙、糖 1 大匙、醋 ½ 大匙
　　鹽 ¼ 茶匙、水 4 大匙、太白粉 ½ 茶匙

做法：

1　牛絞肉再用刀剁細一點，放入碗中，先加鹽和水攪拌，使牛肉吸水後膨脹，再放下蛋白攪拌，使蛋白和牛絞肉完全融合，再拌入太白粉和醬油。

2　在餛飩皮中間塗上薄薄一層牛絞肉，由尖角處捲起，捲至最後一角處，用麵粉和水調製的麵糊塗抹封口，同時兩頭開口處也沾少許麵粉糊封住。

3　用1大匙油炒香洋蔥丁，加入調味料B煮滾，盛入小碗中做為沾料。

4　油燒至8分熱後，放下牛肉捲炸熟，當外表成金黃色時便可撈出，瀝淨油、排入盤中，和沾料一起上桌。

# 陳皮牛肉丸

材料：
牛絞肉 300 公克、肥豬絞肉 30 公克
西洋菜 150 公克、蔥 2 支、薑 2 片
陳皮 1 片（約 3 公分大小）
蔥末 1 大匙、香菜末 1 大匙

調味料：
鹽 ½ 茶匙、蔥 1 支、薑 2 片、小蘇打 ⅙ 茶匙
糖 ⅓ 茶匙、胡椒粉 ⅙ 茶匙、麻油 ¼ 茶匙

做法：

1 蔥和薑拍扁，放入½杯的水中浸泡3～5分鐘做成蔥薑水，泡時要抓捏一下使蔥、薑味道釋出。陳皮泡水，回軟後剁成細末。

2 牛絞肉和肥豬絞肉再用刀背剁一下，一起放入大盆中，加鹽和蔥薑水一起攪打使牛肉出筋、有黏性，視需要慢慢加入水。拌好後再加入其它調味料拌勻，摔打數下使牛肉有彈性，最後加入蔥、香菜和陳皮的細末。

3 西洋菜摘取葉子，在滾水中燙一下即撈出，沖冷水，擠乾水分，拌上少許鹽和麻油，舖放盤中。

4 牛肉做成丸子，放在西洋菜上，入蒸鍋大火蒸9～10分鐘至熟，取出即可上桌。

# 義大利肉醬麵

材料：
牛絞肉 450 公克（可加入 ⅓ 豬絞肉）、大蒜屑 1 大匙、洋蔥屑 ½ 杯、胡蘿蔔絲
芹菜屑各 ⅓ 杯、洋菇片 ⅔ 杯、月桂葉 2 片、義大利香料 ½ 大匙、罐頭番茄 1 杯
義大利麵 200 公克、橄欖油 4 大匙、麵粉適量

調味料：
紅酒 3 大匙、番茄糊 ½ 杯、糖 ½ 茶匙、鹽 1 茶匙、胡椒粉 ¼ 茶匙、起司粉 2 大匙

做法：

1　用3大匙橄欖油炒香洋蔥屑和大蒜屑，再加入絞肉炒至熟。

2　待肉已變色，加入胡蘿蔔、芹菜、洋菇、月桂葉和義大利香料，翻炒數下，淋下紅酒和番茄糊，拌炒均勻。

3　注入約4杯水、加糖、鹽和胡椒粉調味，煮滾後改小火，燉煮約40～50分鐘。

4　加入罐頭的去皮番茄（略切小塊），將湯汁略收濃稠，也可撒下少許麵粉使湯汁濃稠些。

5　燒開8杯水，加入鹽和橄欖油，放入義大利麵條煮熟，撈出。瀝乾水分、裝盤，淋上適量的肉醬，撒上起司粉即可。

安琪老師的小叮嚀

●做義大利肉醬時，可以加入的香料很多，也有不同的配方，例如：百里香葉、奧勒岡、迷迭香、羅勒都常用到，較方便的是直接加綜合義大利香料。

# 培根漢堡排

材料：
牛絞肉 400 公克、洋蔥屑 ½ 杯、奶油 1 大匙、土司麵包 1 片、牛奶 ½ 杯、蛋 1 個
培根 4 片、洋蔥、番茄、酸黃瓜各適量

調味料：
鹽 ½ 茶匙、胡椒粉少許

做法：

1　洋蔥屑用奶油和1大匙油混合炒香且變軟，盛入大碗中。土司麵包去硬邊，撕成小片，也放碗中，加牛奶拌勻，浸泡2～3分鐘。

2　加入牛肉、蛋、鹽和胡椒粉，抓拌均勻，摔打數下，分成4份，做成圓餅形，周圍圍上培根，接口處用牙籤固定。

3　平底鍋中加熱1大匙油，將漢堡放入油中煎1分鐘至形狀固定，翻面再煎約半分鐘至表面微黃，改以小火煎至喜愛的熟度。肉餅太厚時可以灑少許水，蓋上鍋蓋燜一下，較容易熟。

4　肉餅盛出裝盤，附上切片的洋蔥、番茄和酸黃瓜。

# 牧羊人牛肉派

材料：

牛絞肉 500 公克、洋蔥 1 個（剁碎）、胡蘿蔔 1 支（剁碎）大蒜 2 粒（剁碎）
迷迭香 1 茶匙、百里香葉 1 茶匙、馬鈴薯 1 公斤、奶油 50 公克、蛋黃 2 個
帕米森乳酪（Parmesan Cheese）1 大匙、橄欖油適量

調味料：

紅酒 1 杯、雞高湯 1¼ 杯、鹽和現磨胡椒粉適量、辣醬油 1 ～ 2 大匙、番茄糊 1 大匙

做法：

1  絞肉中加適量鹽和胡椒粉調味，橄欖油加熱後放入絞肉，以大火炒2～3分鐘。
2  加入剁碎的洋蔥、胡蘿蔔和大蒜，炒軟後加入辣醬油、番茄糊和兩種香料，再煮2分鐘，煮時要不斷的攪動。
3  加入紅酒，繼續加熱到酒精揮發，再加入雞高湯，煮滾後改成小火，煮至湯汁濃稠、將要收乾。
4  將馬鈴薯削皮、切成小塊，煮至軟，把水倒掉後，再將馬鈴薯煮乾一點。壓成細泥後拌入奶油、蛋黃和帕米森乳酪，加適量鹽和胡椒粉調味。
5  將牛絞肉盛入一個烤皿中，再將馬鈴薯泥舖在上面，用叉子畫些線條，塗上少許的奶油（額外的）。
6  烤箱預熱至180℃，放入烤皿烤20分鐘，至馬鈴薯有焦痕，取出上桌。

# 蔥爆牛肉

材料：
牛肉 250 公克、蔥 10 支
大蒜 3 ～ 4 粒
香菜 2 ～ 3 支

調味料：

A 醬油 2 茶匙、酒 2 茶匙、小蘇打 ⅛ 茶匙（可免）
　胡椒粉少許、水 2 大匙、太白粉 ½ 大匙

B 酒 ½ 大匙、醬油 1 大匙、鹽 ¼ 茶匙
　糖 ¼ 茶匙、麻油 ¼ 茶匙、水 2 大匙

做法：

1 牛肉逆紋切成薄片。碗中先將調味料A調勻，放下牛肉醃30分鐘以上。

2 蔥切斜段；大蒜切片；香菜切段。

3 炒鍋中將4大匙油燒熱，搖盪鍋子，使沾油的面積擴大。放下牛肉過油至8分熟，撈出。油倒出。

4 僅用1大匙油，放下蒜片和⅔量的蔥段爆香，翻炒兩三下。加入牛肉片，大火快炒，沿鍋邊淋下調味料B炒勻，再放下另外⅓量的蔥段和香菜段拌勻，關火、立刻裝盤。

安琪老師的小叮嚀

●可以用火鍋牛肉片或豬肉片來爆炒，如用火鍋肉片則不用先醃。這道菜的重點是要掌握快炒的速度，保持肉嫩、蔥香。

# 泰式椰汁牛肉

材料：

嫩牛肉 200 公克、大紅辣椒 1 支
檸檬葉 3 片

調味料：

A　醬油 ½ 大匙、糖 ¼ 茶匙、麻油少許
　　小蘇打 ⅙ 茶匙、水 2 大匙

B　椰汁 ⅓ 罐、紅咖哩醬 1 茶匙、糖 ½ 茶匙
　　魚露 1 茶匙

做法：

1　牛肉逆紋切成片，用調味料A拌勻，先醃約30分鐘。

2　紅辣椒斜切成片；檸檬葉切成粗絲。

3　紅咖哩醬用約1大匙油先炒至香，加入椰汁、糖和魚露，用小火煮滾。

4　煮滾後，加入牛肉片、大紅辣椒片和檸檬葉，繼續用小火煮約1分鐘即可。

安琪老師的小叮嚀　●醃牛肉時不需加入太白粉，否則會使得椰汁變稠，而破壞其原有的味道。

# 水煮牛肉

材料：

牛肉 200 公克、芹菜 4 支、黃豆芽 100 公克、大蒜片 15 片、蔥 2 支

調味料：

A 太白粉 ½ 大匙、醬油 ½ 大匙、小蘇打 ⅙ 茶匙、水 1～2 大匙、糖 ¼ 茶匙
  麻油 ½ 茶匙

B 辣豆瓣醬 2 大匙、酒 1 大匙、高湯 2 杯、花椒油 1 大匙、太白粉水適量

C 辣椒粉 ½ 大匙、熱油 1 大匙

做法：

1 牛肉逆紋切片後用調勻的調味料A拌勻，醃半小時以上。

2 芹菜洗淨，連葉子切成段；蔥切段。

3 用2大匙油炒黃豆芽和蔥段，見黃豆芽略軟，加芹菜同炒，盛放在大碗或深盤中。牛肉過油，約9分熟時撈出，放在豆芽上。

4 用約1大匙油爆香大蒜片，下辣豆瓣醬炒開，淋酒和高湯，煮滾時加入花椒油，勾芡後倒入碗中（約7分滿），撒上辣椒粉，淋下燒熱的熱油，上桌後拌勻即可。

安琪老師的小叮嚀

●將 ½ 大匙花椒粉泡入 2 大匙油中，泡 3～4 小時後即為花椒油。

# 牛蒡炒牛肉

材料：
嫩牛肉 150 公克、牛蒡 200 公克、胡蘿蔔 1 小段、蔥 1 支、白芝麻 2 茶匙

調味料：
醬油 2 大匙、糖 1 大匙、味醂 1 大匙、酒 1 茶匙

做法：

1 牛蒡刮去外皮後先在冷水中浸泡一下（水中可加醋1茶匙），先斜切成片、再切成細絲。切好後泡入水中以防變色，取出時要瀝乾水分。

2 牛肉、胡蘿蔔分別切絲；蔥切段。

3 白芝麻在乾的炒鍋中以小火炒香，盛出放涼。

4 炒鍋中燒熱油1大匙及麻油1大匙，放下蔥段及牛肉絲炒香，盛出。

5 將牛蒡絲放入鍋中，慢慢炒至牛蒡絲略軟且透明，放下胡蘿蔔再炒一下，加入調味料，改小火再炒2～3分鐘，待湯汁幾乎完全收乾時加入牛肉絲炒合，盛出、裝碟。

6 將炒過的白芝麻撒在牛蒡上即可上桌。

安琪老師的小叮嚀

●牛蒡是屬於較硬的食材，是要攝取其營養及其香氣，故搭配的牛肉不用要求滑嫩的口感，所以不用先醃泡。

# 乾煸牛肉絲

材料：
牛肉（腿肉）600公克、芹菜150公克、胡蘿蔔 ½ 支、紅辣椒 3 支

調味料：
A 醬油 2 大匙、酒 1 大匙、糖 1 茶匙、薑汁 1 茶匙
B 辣椒醬 ½ 大匙、鹽 ¼ 茶匙、麻油 ½ 茶匙、花椒粉 ½ 茶匙

做法：

1 將牛肉先切成1公分之厚片，再順紋切成粗絲條，全部切好後裝入碗內，加調味料A拌勻，醃1小時左右。

2 芹菜去根並摘去葉子，切成約3公分之段。

3 胡蘿蔔去皮切成細絲（約3公分長）；紅辣椒先除籽，也切成細絲。

4 在炒菜鍋內燒熱4大匙油，倒下全部已醃過之牛肉絲，用大火拌炒，見牛肉滲出湯汁時仍繼續用大火煸炒，約5分鐘後，始改為中小火繼續鏟炒，直至牛肉絲變褐黃且乾硬為止（約需12分鐘），由鍋中盛出。

5 另在鍋內燒熱2大匙油，先爆紅辣椒絲及胡蘿蔔絲，再加入芹菜同炒，並放辣椒醬及鹽調味，隨即將牛肉絲倒回鍋中，淋下麻油即裝盤，撒下花椒粉便可。

# 百合牛肉

材料：
嫩牛肉 250 公克、新鮮百合 1 球、綠蘆筍 5 支、洋蔥 ¼ 個、大紅椒 ½ 支

調味料：
A 醬油 1 大匙、酒 1 茶匙、太白粉 ½ 大匙、水 2 大匙、小蘇打 ⅙ 茶匙
B 鹽少許、XO 醬 1 大匙

做法：

1 牛肉逆紋切薄片；調味料A在碗中先調勻，放下牛肉片拌勻，醃30分鐘以上。

2 蘆筍摘好、切成段，用滾水川燙一下，撈出沖冷水、漂涼；百合先分成1片片的，再將深褐色的邊緣剪除，沖洗一下，也在滾水中燙一下，撈出、沖涼；洋蔥切小塊；紅椒去籽、切片。

3 油燒至9分熱，放下牛肉過油至8分熟，撈出，油倒出。

4 鍋中用1大匙油把洋蔥塊炒香，加入蘆筍和鹽炒勻，放下牛肉、百合和1～2大匙的水，大火炒勻，最後加入XO醬拌勻，炒數下即可起鍋。

安琪老師的小叮嚀

●做炒牛肉的配料可隨意變化，如甜椒、甜豆片、豌豆莢、胡蘿蔔、洋芹、或者各種菇類都適合，甚至芥蘭菜、空心菜、青江菜也都不錯。口味可搭配蠔油、沙茶醬、黑胡椒醬或只炒加鹽的原味。

# 滑蛋牛肉

材料：

嫩牛肉 150 公克、蛋 6 個、蔥 1 支

調味料：

A 薑汁 ¼ 茶匙、小蘇打 ⅛ 茶匙、糖 ½ 茶匙
酒 1 茶匙、醬油 ½ 大匙、太白粉 1 茶匙
水 1 大匙

B 鹽 ½ 茶匙

做法：

1 牛肉逆紋切成約3公分大小，放入先調好的調味料A中拌勻，醃約30分鐘。下鍋前加1大匙油拌勻。蔥切細段。

2 蛋加鹽打至十分均勻。

3 鍋中將½杯的油燒至約9分熱，放入牛肉大火過油，炒到9分熟，撈出瀝乾油，倒入蛋汁中拌合。

4 炒鍋中另外燒熱4大匙油，放入蔥段後倒入蛋汁，大火快速滑動鍋鏟，把蛋汁炒到7～8分熟時便可盛出。

# 蔥薑焗牛肉

材料：
嫩牛肉 300 公克、芥蘭菜 200 公克
蔥 6 支、薑 10 片

調味料：

A 醬油 2 茶匙、糖 ¼ 茶匙、太白粉 ½ 大匙
小蘇打粉 ⅙ 茶匙、水 2 ～ 3 大匙

B 醬油 ½ 大匙、蠔油 1 大匙、糖 ½ 茶匙
胡椒粉少許、水 4 ～ 5 大匙

做法：

1 牛肉切薄片，用調味料A拌勻，至少醃30分鐘。

2 蔥切約5公分長段；芥蘭菜摘好、燙過、過冷水沖涼後放在砂鍋中，用小火將砂鍋加熱。

3 炒鍋中將1杯油燒至8分熱，放下牛肉過油炒一下，約6～7分熟即盛出。油倒出，僅留下1大匙。

4 放下蔥段、薑片炒至透出香氣且微焦黃，放下牛肉和調味料B大火炒勻，再全部澆在芥蘭菜上（此時砂鍋應已燒熱）。蓋上砂鍋蓋，大火燒至開，趁熱上桌。

# 蠔油杏鮑牛肉

材料：

嫩牛肉 200 公克、杏鮑菇 3 ～ 4 朵、芥藍菜 200 公克、蔥 2 支、嫩薑 10 片

調味料：

A 醬油 2 茶匙、酒 1 茶匙、糖 ½ 茶匙、太白粉 ½ 大匙、小蘇打 ⅙ 茶匙、
水 2 大匙

B 蠔油 2 大匙、酒 1 大匙、糖 1 茶匙、水 3 大匙、太白粉 ½ 茶匙、麻油數滴

做法：

1 牛肉逆紋切成薄片。碗中調好調味料A，放下牛肉抓拌一下，醃30分鐘。

2 杏鮑菇沖洗一下，斜切成片；蔥切成小段。

3 芥藍菜摘好，燙軟、撈出沖冷水、瀝乾。再將杏鮑菇也快速燙一下，瀝乾。

4 將½杯油燒至8分熱，放入牛肉，用大火過油炒至8～9分熟，瀝出。油倒出。

5 用1大匙油炒芥藍菜，加少許水和適量的鹽和糖調味，淋少許酒烹香，盛出、
瀝乾湯汁，排入盤中。

6 另熱1大匙油將蔥段和薑片爆炒至香，放入杏鮑菇再炒兩三下，倒下調味料B和
牛肉，用大火快速炒勻，盛入盤中。

# 西湖牛肉羹

材料：

嫩牛肉 150 公克、筍 ½ 支、洋菇 8 粒、青豆 2 大匙、蛋白 1 個
餛飩皮 6 張、蔥 1 支、薑 2 片、香菜少許

調味料：

A 醬油 ½ 大匙、太白粉 1 茶匙、水 2 大匙、小蘇打 ⅛ 茶匙
B 酒 1 大匙、水或高湯 6 杯、鹽 1 茶匙、太白粉水 4 大匙、胡椒粉適量
　 麻油數滴

做法：

1 將嫩牛肉切成小薄片或用粗絞的牛肉，調味料A先調勻，放入牛肉抓拌，醃30
　 分鐘。

2 筍煮熟切片；洋菇切片；蔥切段；香菜切小段；蛋白打散但不要起泡。

3 餛飩皮切小片，用油炸酥，撈出、吸淨油。

4 起油鍋用1大匙油煎香蔥段和薑片，淋下酒和高湯煮滾，撿掉蔥、薑，放入筍
　 片和洋菇再煮滾。

5 加入牛肉片並加鹽調味，煮滾後勾芡。放入青豆，再淋下蛋白即可關火，撒下
　 胡椒粉和麻油，裝碗後放上香菜和炸餛飩皮（廣東人稱為薄脆）。

# 番茄燴牛肉

材料：
牛肉 150 公克、番茄 2 個
菠菜 150 公克、蔥 2 支

調味料：

A 醬油 2 茶匙、太白粉 1 茶匙、水 1 大匙
小蘇打少許

B 番茄醬 1 大匙、醬油 ½ 大匙、糖 ¼ 茶匙
鹽適量、水 1 杯、太白粉水適量、麻油少許

做法：

1 牛肉逆紋切成薄片後，用已調勻的調味料A拌勻，醃半小時以上。

2 番茄燙去外皮、切成小塊；蔥切段。

3 起油鍋用3大匙油先炒牛肉，到8分熟時撈出牛肉。

4 用餘油炒蔥段和番茄塊，淋下番茄醬和醬油炒一下，再加糖、鹽和水，小火煮一下，加入
切段的菠菜拌勻，最後加入牛肉，以太白粉水勾芡，滴下麻油後熄火。這道菜澆在白飯上
做成燴飯也很合適。

# 日式壽喜燒蓋飯

**材料：**
火鍋牛肉片 200 公克、新鮮香菇 3 朵
蒟蒻絲適量、大蔥片或蔥絲 ½ 杯
白飯 2 碗

**調味料：**
水 1 杯、柴魚片 1 包、醬油 3 大匙、糖 1 大匙
味醂 2 大匙

**做法：**

1 水煮滾，放入柴魚片一滾即關火、撈棄柴魚，加入醬油、味醂和糖調勻，做成味汁。

2 新鮮香菇快速沖洗一下，切成厚片；蒟蒻沖洗至無味，略切短。

3 鍋中將2大匙的油燒熱，放入牛肉片和大蔥同炒，炒至8分熟，盛出。

4 加入香菇片入鍋炒一下，注入醬油味汁和蒟蒻絲煮滾，再將牛肉和大蔥放入，滾即關火。

5 將牛肉和其他材料盛在飯上，再淋下湯汁。

安琪老師的小叮嚀

●壽喜燒中還可以用洋蔥來代替大蔥，也有人在最後打一個蛋黃在上面。

# 沙茶牛肉河粉

材料：
火鍋牛肉片 150 公克、蔥 1 支
綠豆芽 1 杯、黃瓜 1 支、河粉 80 公克
檸檬 ½ 個、九層塔少許

調味料：
沙茶醬 1½ 大匙、醬油 1 大匙、糖 ½ 茶匙
清湯 ½ 杯

做法：

1　河粉先一層層分開，再切成約1公分的寬條；黃瓜切絲；蔥切段；檸檬切片。

2　鍋中煮滾開水，分別放入河粉和豆芽快速川燙，撈出後放碗中，豆芽放上面。

3　起油鍋用1大匙油爆香蔥段，改小火，放入沙茶醬等調味料，煮滾後將牛肉片舖在鍋中，
　　開大火一滾，用筷子攪拌。

4　見牛肉剛熟即關火，全部淋在河粉上。再放上黃瓜絲、九層塔葉和檸檬片。

# 香根牛肉絲

材料：
嫩牛肉 150 公克、豆腐乾 7～8 片
香菜 4～5 支、蔥絲 1 大匙
紅辣椒絲少許

調味料：
A 醬油 ½ 大匙、水 2 大匙、太白粉 ½ 大匙
B 醬油 2 茶匙、鹽 ¼ 茶匙、麻油數滴

做法：

1 牛肉逆絲切成細絲，用調味料A拌勻醃30分鐘。

2 豆腐乾先橫著片切成3片，再切成細絲，用滾水燙10～15秒鐘撈出、瀝乾水分。

3 香菜取梗部，切成2公分段。

4 牛肉用約½杯油快速過油，撈出。油倒開，僅留1大匙爆香蔥絲，放下豆乾絲、辣椒絲和醬油及鹽，快火炒勻，加入牛肉絲和香菜梗再快炒兩三下，滴少許麻油即可關火盛出。

安琪老師的小叮嚀

●喜歡牛肉嫩一點的話，可以在醃牛肉時，少量的加約 ¼ 茶匙的小蘇打粉。
●紅辣椒和香菜梗的量均可自行增減。

# 中式牛排

材料：

嫩牛肉 500 公克、青江菜或高麗菜嬰 6 棵

調味料：

A 醃肉料：醬油 2 大匙、太白粉 2 大匙、水 3 大匙、小蘇打 ¼ 茶匙（或嫩精 ½ 茶匙）
　　油 2 大匙

B 酒 1 大匙、番茄醬 3 大匙、辣醬油 2 大匙、糖 1½ 大匙、鹽 ½ 茶匙、水 ½ 杯
　太白粉水適量

做法：

1 將牛肉逆紋切成約1½公分厚、6～7公分大小的大塊，用刀背拍剁使肉質鬆嫩。碗中調好
　醃肉料（油除外），放下牛排仔細拌攪均勻，使肉吸收醃料，最後加入油再抓拌，醃約2
　小時。

2 青江菜或高麗菜嬰對剖為兩半，用熱水燙過。撈出後沖涼，再用少許油炒過，加鹽（額外
　的）調味，盛出、瀝乾水分，排在盤中。

3 牛排用熱油煎至9分熟，盛出。油倒出，倒入調好的調味料B煮滾，當芡汁濃稠後，放入
　牛排拌勻，再煮一滾即盛裝入盤中。

安琪老師的小叮嚀

●這是一道傳統廣東式的牛排做法，並不是用進口牛排來做，與西式牛排口味
大不同，現在餐廳中也很少供應這道菜，我覺得很好吃，讀者不妨試試！

# A1 牛排煲

材料：
嫩牛肉 500 公克、洋蔥絲 1 杯、大蒜末 1 茶匙、奶油 1 大匙

調味料：
A　小蘇打 ⅓ 茶匙、玉米粉 1 大匙、醬油 1 大匙、鹽 ¼ 茶匙、水 ½ 杯
B　A1 牛排醬 2 大匙、酒 ½ 大匙、辣醬油 ½ 大匙、糖 ½ 茶匙、胡椒粉 ⅙ 茶匙
　　水 5 大匙

做法：

1　牛肉切成大厚片（大約7～8片），用刀背拍剁，敲鬆肉質。先調勻調味料A，再放下牛排攪拌，醃1小時以上。

2　炒鍋中放4～5大匙的油，加熱至8分熱時，將牛排一片片地用大火煎至6～7分熟，盛出。

3　多餘的油盛出，僅留約1大匙來炒香蒜末及洋蔥絲，盛放至燒熱的砂鍋中。再將奶油及牛排放回炒鍋中。

4　調勻的調味料B倒入鍋中，一煮滾即一起倒入砂鍋，蓋上鍋蓋燜煮半分鐘，連鍋上桌。

安琪老師的小叮嚀

●拌牛排時需用手指不停的加以抓拌，以使牛肉多吸水而膨脹，肉會更嫩些。
●牛排可以按個人喜愛煎至不同的熟度或在最後燜久一點，使牛排熟至喜愛的程度。
●A1 牛排醬可改換成黑胡椒醬、洋菇醬、番茄醬等不同口味來做。

# 銀杯黑椒牛肉

材料：
菲力或肋眼牛排 300 公克、茼蒿菜或菠菜 150 公克、大蒜 6 粒、鋁箔紙 1 大張

調味料：
A 鹽、黑胡椒各少許
B 酒 ½ 大匙、醬油 1½ 大匙、糖 ½ 茶匙、黑胡椒粉 ⅓ 茶匙、水 ¼ 杯

做法：

1 將鋁箔紙做成圓形盒狀。大蒜切片。

2 牛排撒上鹽和胡椒粉，放片刻後入鍋煎至5分熟，取出、切成方塊。

3 茼蒿菜摘好，在滾水中（水中加少許鹽）略燙，瀝乾水分後放入鋁箔盒中，上面再放上牛排塊。

4 用煎牛排鍋中的餘油將大蒜片煎黃，淋下調味料B，一滾即淋在牛排上，再撒上一些黑胡椒粉。

5 烤箱要先預熱至250℃，鋁箔盒放入烤箱中，大火烤4～5分鐘，有香氣透出即可取出。

安琪老師的小叮嚀 ●這道菜用牛排肉來做比較香，用現磨的粗粒黑胡椒味道會更棒。

# 肋眼牛排佐洋菇醬汁

材料：
肋眼牛排 1 片、洋菇 200 公克、紅蔥頭 2 粒、大蒜 2 粒、奶油 1 大匙、馬鈴薯 1 個
胡蘿蔔、青花菜適量

調味料：

A 紅酒 2 大匙、美極鮮味露或淡色醬油 1 大匙、清湯 1 杯、鹽 ¼ 茶匙、黑胡椒粉 ¼ 茶匙
麵粉少許

B 鹽少許、奶油 ½ 茶匙、鮮奶 1 大匙

C 鹽、胡椒粉各少許

做法：

1 洋菇切片；紅蔥頭切片；大蒜剁碎。

2 起油鍋用2大匙油以小火炒紅蔥片，炒香後撈棄，加入大蒜末和洋菇片同炒，持續炒到洋菇變軟，淋下酒和醬油，再加入清湯以小火燉煮5分鐘。加鹽和胡椒粉調味，撒下少許麵粉攪勻，使醬汁稍濃稠，加入奶油攪拌至融化，盛出放涼。

3 馬鈴薯蒸熟，去皮、壓成泥，趁熱拌入調味料B，拌均勻。

4 牛排上撒少許鹽和胡椒粉。鍋中放少許的油，燒熱後放下牛排，大火煎黃表面、封住血水，兩面都煎黃後，改小火再煎至喜愛的熟度，通常5分熟的，每面再煎1～2分鐘，8分熟的，則再各煎2～3分鐘，盛放在餐盤中，淋上洋菇醬汁、附上馬鈴薯泥、煮過的胡蘿蔔和青花菜上桌。

安琪老師的小叮嚀 ●麵粉加入醬汁之前，要先以篩網篩過，可以直接篩入醬汁中，以免結塊。

# 和風牛肉沙拉

材料：
菲力牛排 150 公克、白蘿蔔 100 公克、鴻喜菇或柳松菇 1 小把、松子 1 大匙、蔥 1 支
柳橙 1 個

調味料：
檸檬汁 ½ 大匙、橄欖油 3 大匙、柳橙汁 1 大匙、淡色醬油 ½ 大匙、糖 ½ 大匙
鹽 ¼ 茶匙、胡椒粉少許

做法：

1　白蘿蔔削皮、切成粗條，浸泡在冰水中約5分鐘，撈出、擦乾水分。

2　松子放入烤箱中烤熟；柳松菇在滾水中燙熟（水中加少許鹽），撈出，瀝乾；蔥切細絲；
　　柳橙擠1大匙的汁，也切一些柳橙皮細絲。

3　檸檬汁中慢慢加入油打勻，再加入柳橙汁等調味料拌勻。

4　牛肉上細細地撒上鹽和胡椒粉，放置3分鐘。用少許油、大火煎30～40秒，翻面再煎，至
　　表面也微有焦痕。可以改小火再慢慢煎至喜愛的熟度，取出切厚片。

5　白蘿蔔條放入餐盤中，牛排片排在白蘿蔔上，再擺上柳松菇、蔥絲和松子，淋上柳橙醬
　　汁，也可以再撒下一些柳橙皮細絲或碎屑。

# 香烤牛小排

材料：
牛小排 4 片

調味料：
鹽 ½ 茶匙、胡椒粉適量、義大利綜合香料適量

做法：

1　牛小排自然解凍，均勻地撒上鹽、胡椒粉和義大利綜合香料，放置約3～5分鐘，排在烤架上（也可以在烤盤上舖上鋁箔紙，再放上牛小排）。

2　烤箱預熱至250℃，放入牛小排烤約8分鐘，翻面再烤5分鐘左右，把牛小排烤熟、烤至有焦痕便可取出裝盤。

安琪老師的小叮嚀

●牛小排本身帶有油花、肉質嫩，而靠骨頭處有筋，有咬勁，因此即使簡單的調味和烹調方法也很好吃。也可以用煎的，只要在鍋中塗少許油或用不沾鍋時，也可以不加油煎。

# 鮮茄燜牛小排

材料：
牛小排 5 片、洋蔥 ½ 個、西芹 3 支
胡蘿蔔 ½ 支、番茄 3 個、馬鈴薯 1 個
九層塔葉 3 ～ 4 片

調味料：
麵粉 2 大匙、紅酒 ½ 杯、番茄汁 1 杯
鹽 1 茶匙、糖 ½ 茶匙、胡椒粉 ⅙ 茶匙

做法：

1 先將牛小排分割成小片，再沾上少許麵粉。用熱油將兩面煎黃，放入燉鍋中。

2 洋蔥和西芹分別切大塊；番茄先燙過、剝去外皮、再切成丁。胡蘿蔔和馬鈴薯削皮切成塊。九層塔剁碎、以紙巾吸乾水分。

3 洋蔥、西芹和番茄一同加入鍋中，淋下紅酒、番茄汁和水 1 杯，蓋上鍋蓋，以小火燜煮30分鐘。

4 加入胡蘿蔔和馬鈴薯塊，繼續用小火燒煮10分鐘至軟。

5 最後加鹽、糖及胡椒粉調味，盛出裝盤，撒上九層塔屑即完成。

# 韓國烤肉飯

材料：
去骨牛小排或烤肉用牛肉片 300 公克
大蒜 20 公克、黑芝麻少許、蔥 40 公克、白飯 3 碗
韓國泡菜、涼拌海帶芽、洋蔥 40 公克

醃肉料：
醬油 4 大匙、酒 1 大匙、糖 1 大匙
味醂 1 大匙、麻油 2 大匙、水 2 大匙
胡椒粉 ¼ 茶匙、白芝麻 1 大匙

做法：

1 大蒜拍碎；蔥和洋蔥切細絲，放在大碗中，加入調味料拌勻成醃肉料。肉片放入醃料中拌勻，放10分鐘左右。

2 特製的烤肉鍋燒熱或以平底鍋代替，塗上極少的油（烤肉鍋不用塗油），放下肉片烤熟、翻面再烤，要用大一點的火，可以使肉汁快點收乾而有焦香。熟了即可夾出，放在飯上。

3 撒上炒過的芝麻、附上涼拌的海帶芽和韓國泡菜或其他小菜即可。

# 韓式牛肉湯

材料：
牛小排 4 片、乾海帶芽 2 大匙、蔥 1 支
大蒜 6 ～ 8 粒

調味料：
麻油 2 大匙、酒 1 大匙、高湯或水 6 杯
鹽、胡椒粉適量

做法：

1 將牛小排由骨頭旁切開，分割成3片；海帶芽略泡漲開即瀝掉水分；大蒜切成片；蔥切成
蔥花。

2 鍋中燒熱麻油炒香大蒜片，加入牛小排續炒，淋下酒和高湯，煮滾後改小火燉煮30～40
分鐘。

3 加入海帶芽，一滾即加鹽和胡椒粉調味，關火、撒下蔥花。

安琪老師的小叮嚀

●這道湯是以麻油來炒，取其香氣，而經過燉煮後，牛小排的油花也會溶至湯
中，因此可在加海帶芽之前，先將浮油撇掉一些，比較清爽。

# 芥汁山藥牛肉捲

材料：
去骨牛小排 6 片、山藥 100 公克、蘆筍 3 支

調味料：
芥末汁：芥末粉 1 大匙、冷開水 1½ 大匙、鹽 ¼ 茶匙、糖 ½ 茶匙
　　　　檸檬汁 1 大匙、冷開水適量

做法：

1 綠蘆筍切去尾端較硬的部分，一切為兩段，投入熱水中燙半分鐘（水中加鹽少許），撈出立刻泡入冷水中。

2 山藥削皮，切成約5公分長的直條。

3 牛小排肉片平舖在砧板上，放上山藥和蘆筍各1支，捲起。

4 平底鍋中塗少許油，放下牛小排捲，接縫處先煎一下，使其固定。再慢慢翻面略煎，至喜愛的熟度即可盛出。如喜愛熟一點，可以淋下2大匙水，蓋上鍋蓋，小火燜熟後再盛入盤中。

5 芥末汁：芥末粉加水調成濃稠糊狀，放在溫暖處燜一下，有衝氣時，加入其它調味料和適量的冷開水拌勻，淋在牛肉捲上。

安琪老師的小叮嚀

●不喜歡衝味者可以用美式芥末或法式芥末。其他火鍋肉片也可以用來捲，但口感不如牛小排。

# 滷牛腱和回鍋牛腱

材料：
牛腱 2 個、五香包 1 包、西芹 2 支、紅甜椒 ¼ 個、大蒜 1 粒

調味料：
A　醬油 1 杯、酒 ½ 杯、冰糖 40 克（約 2 大匙）、鹽 2 茶匙
B　淡色醬油或滷汁 1～2 大匙、水 1 大匙、胡椒粉少許、麻油少許

做法：

【滷牛腱】

1　鍋中將8杯水煮開後，放下調味料A及五香包，以小火煮30分鐘，便成為滷汁（新滷）。

2　牛腱洗淨、用叉子在牛腱上叉幾下，放入滷汁中，先用大火煮滾，滾後改為小火，蓋上鍋蓋再滷煮約50分鐘。將火關掉，牛腱燜在滷湯中約3～4小時。待滷湯涼後即可取出，直接切片吃或改做其他涼拌菜或炒來吃。

【回鍋牛腱】

1　滷牛腱切片；西芹撕去老筋、斜切成片；甜椒去籽、切小塊；大蒜剁碎。

2　起油鍋燒熱1大匙油，爆香大蒜屑，放入西芹炒一下，加入約2大匙水和少許鹽燜煮一下，使西芹略軟但仍保持脆度。

3　加入紅甜椒和牛腱，先把牛腱炒熱一下，再加入調味料B，以大火炒勻，關火裝盤。

安琪老師的小叮嚀

●滷湯如變少不夠時，可酌量加水及醬油、酒、糖，2～3次之後，可再換一個新的五香包。五香包一般包括八角、桂皮、陳皮、花椒、丁香、小茴、茴香、甘草、沙薑、草果（豆蔻）等。滷湯不用時可冷凍存放。

# 洋燒牛腱

材料：
牛腱 2 個、洋蔥 1 個、番茄 1 個、西芹 3 支
馬鈴薯 2 個、胡蘿蔔 1 支、月桂葉 2 片
麵粉 2 大匙、奶油 1 大匙、油 2 大匙

調味料：
酒 2 大匙、黃砂糖 1 大匙、醬油 1 大匙
鹽 1 茶匙、胡椒粉少許

做法：

1　先在牛腱上劃上數條直刀痕，再切成厚片，撒上少許鹽、胡椒粉（額外的）和約1大匙麵粉；洋蔥切大塊；番茄、馬鈴薯和胡蘿蔔切滾刀塊；西芹2支切長段，另一支切條。

2　鍋中放奶油和油，煎黃牛腱後盛出。放入洋蔥用油炒軟，加另1大匙麵粉炒黃，淋下5杯水，再加入調味料，接著放入牛腱、西芹段、番茄和月桂葉，煮滾後改小火燉煮約50～60分鐘。

3　加入西芹條、馬鈴薯和胡蘿蔔煮軟，最後可再加鹽和胡椒粉調整味道。

# 清蒸牛肉

材料：
牛肋條 600 公克、蔥 1 支、薑 2 片
八角 1 顆、薑絲和青蒜絲適量

調味料：
酒 2 大匙、鹽適量

做法：

1 牛肉整塊在開水中川燙2分鐘，隨即撈出、沖洗乾淨。再放入碗中，注入1杯滾水，牛肉上
　放蔥1支、薑2片和八角1顆，淋下酒，入蒸鍋中蒸約1個小時。

2 取出牛肉，待涼後切成整齊的厚片，排在深盤中，撒下適量的鹽，將原來的牛肉原汁淋在
　肉上，再入鍋蒸至牛肉夠軟爛。

3 端出盤子，湯中再調好味道，撒薑絲和青蒜絲即可上桌。

安琪老師的小叮嚀

●牛肉整塊去蒸可以保持住肉中的鮮甜滋味。第一次蒸時不要蒸太爛，以免牛
　肉不容易切整齊。

# 川味紅燒牛肉

材料：
肋條或腱子肉或螺絲肉 1.2 公斤、牛大骨 4～5 塊、大蒜 5 粒、蔥 5 支、薑 3 大片
八角 2 顆、花椒 1 大匙、紅辣椒 1～2 支

調味料：
辣豆瓣醬 2 大匙、醬油 ¾ 杯、酒 2 大匙、鹽適量

做法：

1　牛肉整塊和牛大骨一起在開水中川燙2～3分鐘，隨即撈出、沖洗乾淨。再放入滾水中（水中可酌量加蔥2支、薑2片和八角1顆），煮約40～50分鐘。肉撈出、大骨繼續熬煮1小時。牛肉涼後切成厚片或切塊亦可。

2　另在炒鍋內燒熱2大匙油，先爆香蔥段（2支切段）、薑片和大蒜粒，並加入花椒、八角同炒，再放下辣豆瓣醬煸炒一下，繼續加入醬油和酒，用1塊白紗布將大蒜等撈出包好。

3　將牛肉放入汁中略炒，加入大蒜包、紅辣椒及牛肉湯（湯要高出肉約5公分）同煮，約1小時半至肉已爛便可。

4　如欲以紅燒牛肉為菜上桌，則可開大火將湯汁收濃。如欲做紅燒牛肉麵，則可加水使湯汁變多（或另有牛骨高湯，則味道更佳），並加入適量的鹽調味。在每一只湯碗內放下蔥花（1支切蔥花）及麻油少許，然後盛入7分滿之牛肉湯，加入煮熟的麵條，再放上數塊牛肉和燙熟的青菜即可供食。

# 紅酒燉牛肉

材料：
牛肋條肉（或螺絲肉或牛腱）900 公克、牛大骨 3 ～ 4 塊、番茄 3 個、洋蔥 2 個
大蒜 2 粒、月桂葉 2 片、八角 1 顆

調味料：
紅酒 1 杯、淺色醬油 4 大匙、鹽 ⅔ 茶匙、糖 ½ 茶匙

做法：

1　牛肉切成約4公分塊狀，和牛大骨一起用滾水燙煮至牛肉變色，撈出，用水洗淨。

2　番茄劃刀口，放入滾水中燙至外皮翹起，取出泡冷水，剝去外皮，切成4或6小塊；洋蔥切塊；大蒜略拍一下。

3　鍋中燒熱2大匙油，炒香洋蔥和大蒜，加入番茄再炒。炒到番茄出水變軟，盛出一半量（儘量不要有大蒜）。

4　將牛肉倒入鍋中，再略加翻炒，淋下紅酒，大火煮一下。加入月桂葉、八角、醬油和水2杯。換入燉鍋中，先煮至滾，再改小火燉煮約1個半小時。

5　加入預先盛出的洋蔥和番茄，再煮10分鐘，至喜愛的軟爛度時，加鹽和糖調妥味道。

# 銀蘿牛腩煲

材料：
牛腩或其他帶筋的部位 900 公克、白蘿蔔 600 公克、花生 150 公克、陳皮 2 小片、蔥 2 支
薑 4 片、紅蔥頭 3 ～ 4 粒、大蒜 2 粒、青蒜絲適量

調味料：
酒 3 大匙、魚露 4 大匙、冰糖 ½ 大匙、鹽適量、太白粉水適量、麻油數滴

做法：

1 牛肉整塊放入滾水中燙煮1～2分鐘，撈出洗淨。蔥切段。

2 另煮滾6杯水，水中加入陳皮、牛肉和花生，先用大火煮5分鐘，再改小火煮約1個小時左
右。取出牛肉，待涼後切成塊。

3 蘿蔔削皮，切大滾刀塊；紅蔥頭去皮，略拍過；大蒜也拍裂。

4 炒鍋中燒熱2大匙油，放入蔥段、薑片、紅蔥頭和大蒜一起爆香，放入牛肉塊再爆炒一會
兒，淋入酒、魚露和冰糖，倒入煮牛肉的湯汁和花生，全部倒入砂鍋中。先以大火煮滾
後，再改小火煮至牛肉8分爛（不同部位所需的時間不同）。

5 加入蘿蔔塊，燉煮至蘿蔔及牛肉均已夠軟，適量加鹽調整味道，開大火，淋下太白粉水使
湯汁略為濃稠，滴下麻油，關火，撒上青蒜絲上桌。

安琪老師的小叮嚀

●陳皮有入藥用的黑色和做菜用的深褐色兩種。可在中藥店購買。

# 洋蔥番茄燒牛肉

**材料：**
牛肋條肉 900 公克、番茄 3 個、月桂葉 3 片
洋蔥 1 個（切塊）、大蒜 2 粒（拍裂）
八角 1 顆、油 2 大匙

**調味料：**
酒 ½ 杯、淺色醬油 4 大匙、水 2½ 杯
鹽 ½ 茶匙、糖適量

**做法：**

1 牛肉切成約4公分大的塊狀，用滾水燙煮至變色，撈出、洗淨。

2 番茄劃刀口，放入滾水中燙至外皮翹起，取出泡冷水，剝去外皮，切成4或6小塊。

3 鍋中燒熱油來炒香洋蔥和大蒜，加入番茄塊再炒，炒到番茄出水變軟。

4 將牛肉倒入鍋中，再略加翻炒，淋下酒和醬油，大火煮1分鐘。

5 加入月桂葉、八角和水，換入燉鍋中，先煮至滾，再改小火燒煮約2個小時以上，或至喜愛的軟爛度。加鹽和糖調妥味道即可。

安琪老師的小叮嚀　●如使用進口牛肉則比較容易煮爛，時間要縮短。

# 牛肉蔬菜湯

材料：
牛腱或肋條或螺絲肉 600 公克、番茄 2 個
牛大骨 4 ～ 5 塊、高麗菜 450 公克、洋蔥 2 個
薑 2 片、月桂葉 3 片、西芹 1 ～ 2 支
馬鈴薯 1 個、胡蘿蔔 ½ 支

調味料：
酒 3 大匙、鹽適量、胡椒粉少許

做法：

1　牛肉和牛骨用滾水燙過後撈出、洗淨。

2　洋蔥切大塊；番茄每個切6塊；高麗菜切大片；西芹切約5公分段；胡蘿蔔和馬鈴薯切塊。

3　鍋中煮滾10杯水，放入牛肉、牛骨和1個切塊的洋蔥、薑、月桂葉和酒燉煮約1小時。取出牛肉，待稍涼時切成塊。牛骨再繼續燉煮，約1小時後把湯中骨頭及洋蔥等撈棄。牛肉放回鍋中。

4　鍋中燒熱2大匙的油，將洋蔥塊炒香，再將切塊的番茄炒一下，一起倒入牛肉湯中。再將其他蔬菜料一起放入煮至軟。

5　加鹽和胡椒調味即可。

# PART 3
## 關於羊肉

羊肉在中國人眼中是很滋補的食材，尤其到了冬天要進補，總想到吃羊肉可以禦寒。但是台灣氣候熱，不適合綿羊的生長，省產山羊比進口的羊肉要少且價格高。

羊因為體積小，肉並不多，通常是炒或涮的用羊肉片；紅燒、做羊肉火鍋、羊肉爐是要用帶皮的腿肉或羊腩部分來燒才好吃。進口羊肉的羶味較重，喜歡省產羊肉的人選購時不妨多留意一下。

進口羊肉還有很受歡迎的羊小排，羊小排也分法式切割的羊小排和一般切割的羊小排。羊排和牛排一樣，煎烤至喜愛的熟度即可，全熟反而太老不好吃。

# 孜然羊肉

材料：
羊肉 150 公克、芹菜 80 公克
洋蔥末 1～2 大匙、大紅辣椒 2 支
乾辣椒 5～6 支

調味料：

A 酒 ½ 大匙、醬油 2 茶匙、糖 ¼ 茶匙
  太白粉 1 茶匙

B 醬油 1 大匙、水 2 大匙、孜然粉 ½ 茶匙

做法：

1 羊肉切成小薄片或丁，用調味料A拌勻，醃30分鐘。

2 芹菜摘好，切成末；紅辣椒去籽，切成小粒；乾辣椒切碎。

3 羊肉先用3大匙油炒至8分熟，盛出。

4 鍋中餘油爆香洋蔥、紅辣椒和小乾辣椒，加入調味料B，放下羊肉和芹菜，大火兜炒均勻即可。

安琪老師的小叮嚀

●孜然是一種中國西北地區烹調羊肉時常用的香料。

# 沙茶炒羊肉

材料：
火鍋羊肉片 200 公克、大蒜片 2 大匙、蔥 4 支、香菜段 1 杯

調味料：
A 酒 1 大匙、太白粉 ½ 茶匙、醬油 1 茶匙
B 沙茶醬 1½ 大匙、酒 ½ 大匙、醬油 ½ 大匙、糖 ½ 茶匙、水 2 大匙

做法：

1 將調味料A在大碗內混合，放下羊肉片輕輕抓拌一下，醃上10分鐘左右。

2 將調味料B先調好備用；蔥支橫片開後再切成斜絲。

3 炒鍋燒得很熱後，由鍋邊淋下油3大匙，再將油燒得冒煙，落大蒜片，隨後將羊肉片一起下鍋，用大火快加翻炒，約炒5秒鐘後放下蔥絲，再快速拌炒5秒鐘左右。

4 淋下調味料B，大火鏟拌均勻，見肉已全熟，加入香菜段，即可熄火、馬上裝盤供食。

安琪老師的小叮嚀

●羊肉片也可以不醃而直接炒，會比較乾爽，醃過的較滑嫩。羊肉氣味較重，宜用多一點的辛香料同炒。

# 香煎羊排

材料：
羊排 3 片、洋蔥絲 ½ 杯、大蒜屑 1 大匙
奶油 2 大匙、麵粉 2 大匙、番茄丁 ½ 杯
西洋香菜屑 ½ 茶匙

調味料：

A 鹽 ½ 茶匙、胡椒粉 ¼ 茶匙

B 高湯 1 杯、紅酒 ½ 杯、醬油 1 大匙
　鹽 ¼ 茶匙、月桂葉 1 片、黑胡椒粉 ⅙ 茶匙

做法：

1 在羊排之兩面撒下調味料A，醃約10分鐘。用1大匙熱油把羊排分別煎香、煎黃表面，取出。

2 鍋中用奶油炒洋蔥絲及大蒜屑，炒至變成茶黃色時，撒下麵粉炒散，加入調味料B和番茄丁，用
　小火煮3分鐘。將湯汁中的蔬菜料過濾掉不要。

3 把羊排放入鍋中煮約1分鐘至喜愛的熟度，夾出排放在盤中，撒上西洋香菜屑。

4 盤邊可附上喜愛的配菜一起上桌。

# 迷迭香羊小排

材料：
羊小排 4 片、植物油 1 大匙、奶油 1 大匙
新鮮迷迭香 1 支或乾燥迷迭香 2 茶匙

調味料：
鹽 ½ 茶匙、胡椒粉適量
酒 1 大匙

做法：

1　羊小排自然解凍後用紙巾吸乾水氣，撒上鹽和胡椒粉，放置3～5分鐘。

2　新鮮迷迭香沖洗一下，剪下葉子。將迷迭香貼在羊排上。

3　平底鍋中加熱1大匙奶油和1大匙植物油，放入羊排煎至兩面均呈金黃色，改小火煎至喜愛的熟度，烹上酒增香後裝盤，附上喜愛的配菜上桌。

# 馬蹄腐竹燒羊腩

材料：
羊腿肉 900 公克、腐竹 2 支、荸薺 10 個、薑 2～3 片、青蒜 ½ 支

煮羊肉料：
酒 1 大匙、白蘿蔔 ¼ 條、八角 1 粒、桂皮 1 小片、水 5 杯

調味料：
酒 1 大匙、蠔油 2 大匙、醬油 1 大匙、糖 1 茶匙、胡椒粉少許

做法：

1  羊肉切塊，放入鍋中燙煮2分鐘，撈出後洗淨。白蘿蔔切大塊。

2  湯鍋中放羊肉和煮羊肉料，一起煮40分鐘左右，撿出白蘿蔔不要。

3  腐竹泡至微軟、切成段；荸薺削好、洗淨；青蒜切絲。

4  用1大匙油爆香薑片，放入腐竹、荸薺和羊肉，淋下酒和其他調味料，加入煮羊肉湯約2杯，再燒約10～15分鐘。至腐竹已透、羊肉已爛，淋下太白粉水勾薄芡，撒下青蒜絲即可。

安琪老師的小叮嚀

●腐竹可以炸過、泡軟再燒，較有香氣。直接燒的則不要泡太軟，以免散開，且太爛沒有口感。

# 羊肉爐

材料：
羊肉 800 公克（帶皮帶骨的腿部或羊腩）、高麗菜或大白菜 1 斤、凍豆腐 1 塊
金針菇 1 包、茼蒿菜 ½ 斤、油炸豆皮或其他喜愛的材料、羊肉爐藥包 1 包、老薑 1 塊

調味料：
米酒 1 杯、麻油 3 大匙、鹽適量（可不加）、腐乳沾醬

做法：

1　羊肉連皮一起剁成塊；老薑切片；高麗菜或大白菜洗淨，瀝乾水分，切寬段。

2　金針菇、茼蒿菜等也摘好，洗淨，排在盤中。油炸豆腐皮或選用其他如腐竹等乾貨，均需要先用水泡軟，切好排盤。

3　炒鍋中先燒熱麻油，放入老薑爆炒至香氣透出，放入羊肉一起再炒，炒至羊肉都已經變色，倒入米酒和水，煮滾後盛放至砂鍋中，放入羊肉爐用的中藥材藥包，蓋上鍋蓋，以小火燉煮40分鐘。附上沾料一起上桌。

4　將砂鍋放在桌上型電爐上，邊吃邊加熱，再陸續加入各種配料同煮。

安琪老師的小叮嚀

●腐乳沾醬是將豆瓣醬加豆腐乳（連汁）壓碎，再加麻油調製而成的，喜食辣者可加辣油。每家餐廳都有自己的配方。

●羊肉爐的中藥包裡配了許多中藥材，以達到最佳的滋補效果。市面上有現成配好的藥包，內容多半包括當歸、川芎、黃耆、杜仲、紅棗、桂皮、桂枝、枸杞子、大茴、小茴等，可以嘗試不同的配方或自己到中藥房買來搭配。

●有些羊肉爐是用全酒來燒，看個人是否能接受，同時一般是不加鹽調味的，上桌時附上沾料沾著吃。

# 水晶羊肉凍

材料：
羊後腿肉 600 公克、甜麵醬 1 大匙、青蒜絲 2 大匙、吉利丁粉 1 大匙

煮羊肉料：
胡蘿蔔 ½ 支、白蘿蔔 ½ 支、蔥 2 支、薑 2 片、八角 1 顆、大蒜 4 粒
醬油 2 大匙、酒 1 大匙

調味料：
醬油 1 大匙、酒 1 大匙、糖 ½ 大匙

做法：

1  羊肉連皮切成4大塊，燙一下滾水後再放入鍋中，加清水5杯和煮羊肉料一起燒煮1
   個半小時。取出羊肉，去除皮，瘦肉部分切成1公分的丁，放入模型中。

2  皮放回鍋中湯汁內，再加醬油、酒及糖調味，煮滾後改小火繼續煮至汁僅餘1杯半
   左右，瀝除雜渣。

3  吉利丁粉放入碗中，加入¼杯冷水攪拌，1分鐘後再倒入熱湯汁中攪勻，全部倒入模
   型中，蓋住羊肉，移入冰箱中，3小時後始可取出。

4  羊肉凍切寬片，排盤後和炒過糖的甜麵醬及青蒜絲一起上桌。

安琪老師的小叮嚀

●甜麵醬使用前先加糖和水調稀些，再用油炒香。

# 砂鍋羊肉

材料：
羊腿肉 600 公克、大蒜 5 粒、蔥 2 支、白蘿蔔 300 公克、高麗菜 300 公克
凍豆腐 1 塊、寬粉絲 1 把、青蒜 1 支

調味料：
醬油 ½ 杯、酒 2 大匙、八角 1 顆、糖 1 茶匙、鹽酌量

做法：

1　羊肉整塊加水煮半小時，待涼後切成約1.5公分厚、5公分寬的厚片。蔥切段；白蘿蔔、凍豆腐切塊；青蒜切絲。

2　鍋中燒熱油3大匙，爆香大蒜及蔥段，放下羊肉同炒，淋下酒及醬油，放入八角、糖及切塊的白蘿蔔，注入水（水要超過羊肉3公分），大火煮滾後，改小火燒煮1小時。

3　將煮好的羊肉移入砂鍋中，羊肉湯中之白蘿蔔等撿出不要，羊肉湯倒進砂鍋中（湯如果不夠，此時可再加開水），加入切塊的凍豆腐、高麗菜，再以小火燉煮10分鐘。

4　將泡軟之寬粉絲放入羊肉鍋中煮至夠軟，用鹽調味並撒下青蒜絲便可上桌。

# 100道
## 美味肉料理

烤、炒、滷、炸，
快速上桌！

作　　　者　程安琪

發　行　人　程安琪
總　策　畫　程顯灝
編 輯 顧 問　錢嘉琪
編 輯 顧 問　潘秉新

總　編　輯　呂增娣
主　　　編　李瓊絲、鍾若琦
執 行 編 輯　許雅眉
編　　　輯　吳孟蓉、程郁庭
美 術 主 編　潘大智
美 術 編 輯　劉旻旻
行 銷 企 劃　謝儀方
編 輯 助 理　張雅茹

出　版　者　橘子文化事業有限公司
總　代　理　三友圖書有限公司
地　　　址　106 台北市安和路 2 段 213 號 4 樓
電　　　話　(02) 2377-4155
傳　　　真　(02) 2377-4355
E － m a i l　service@sanyau.com.tw
郵 政 劃 撥　05844889 三友圖書有限公司

總 經 銷　大和書報圖書股份有限公司
地　　址　新北市新莊區五工五路 2 號
電　　話　(02) 8990-2588
傳　　真　(02) 2299-7900

初　　版　2014 年 3 月
定　　價　新臺幣 299 元
I S B N　978-986-6062-86-5

◎版權所有・翻印必究
　書若有破損缺頁 請寄回本社更換

國家圖書館出版品預行編目 (CIP) 資料

100 道美味肉料理：烤、炒、滷、炸，快速
上桌！／程安琪作. -- 初版. -- 臺北市：橘
子文化，2014.03
　面；　公分
ISBN 978-986-6062-86-5( 平裝 )

1. 肉類食譜

427.2　　　　　　　　　　　　103002968